金蘋果
在

信任崩解年代的
精準說服

銀網子裡
PRECISE PERSUASION

新一千零一夜　說故事人

張宏裕────著

推薦
序一
—

良知、理性和感性

　　撥開籠罩煙霧，才能看見美麗的星光。 誠如宏裕老師在其大作《會說故事的巧實力》書中所言： 在數位行銷當道的時代裡，我們花太多時間『看』太多氾濫膚淺的資訊，卻花太少的時間去『想』和『寫』。 著作等身的宏裕老師是清華大學數學系的高材生，邏輯推理是他的本行，加上學生時代便是辯論隊的高手，思路清晰不在話下，他擅長從故事導入理性思考，再轉化為數位行銷時代的溝通能力，更令人敬佩的的是他身體力行，在「傳道、授業、解惑」之外，將所「看」、所「想」，辛勤筆耕「寫」成文字以饗讀者。

　　《金蘋果在銀網子裡：信任崩解年代的精準說服》起心動念於 2020 年新冠肺炎爆發之初，意在人心因疫情而眾聲喧嘩之際，期大家能夠傾聽自己內在的聲音，如何以合宜的話語，說服自己，感動別人，口語表達之外，還要形諸於文字「寫」出來。宏裕老師在本書提到的書寫形式，有直抒胸臆的自由書寫，也包括實用的文案處理，用「語」表達，以「文」載道，實踐有效的人際溝通。而在資訊氾濫的時代裡，可以「載道」的「文」則有賴於作

者高尚的人格和正確的價值觀，宏裕老師是著名的企業培訓講師，再次讓我們反思疫情之下，建立真誠的人際信任關係，就是落在銀網子裡的金蘋果。

　　行家一出手，便知有沒有，宏裕老師長年鑽研管理科學，加上其數理背景的科學訓練，因此敘事條理清晰，在這本書裡宏裕老師以故事為引，導出溝通的智慧，因為出於真誠，所以言之有物。初看此書稿本，曾經在大學執三十年教鞭的我，大有相見恨晚的感嘆，如果早些年讀到這本書，相信對學生的溝通表達將別有一番風景。

　　宏裕老師文學造詣亦佳，書中引用諸多古典詩詞，字裡行間流淌的詩情雅意，讀這本書猶如走在管理科學的大道上，不時遇上桃李，邂逅春風，理性的邏輯思維疊加感性的文字，消解管理科學的生硬，除了積澱知識，旁通「可以興，可以觀」的感悟，從書裡去領悟溝通管理「可以群」的本質。

　　不管職場行銷或人生「專案」管理，出於人性良善美德的溝通管理，可以成就自己，也可以照亮他人，有心的讀者在這本書裡可以找到行銷溝通的錦囊，覓得開啟智慧工作的金鑰匙，唯探索溝通之道不僅是尋找巧門或追求績效而已，科學最終要回歸人性，為文不忘追求真善美的初衷，宏裕老師誠於中而形於外，慧於心而秀於言，英華外發，將歲月淬鍊的智慧與多年寶貴的經驗，集結成書，相信必能嘉惠後進，開啟新視野。

中國文化大學副教授　李仕德

推薦
序二

人格、邏輯、情感三個關鍵句，
一開始就打動我的心！

　　從看見作者宏裕兄，這本書序引用溝通三個關鍵～人格、邏輯、情感三個關鍵句，一開始就打動我的心！馬上發揮這本書傳遞出溝通功力！

　　我曾經認識的一位年輕的新創企業主，略帶愁容用無奈眼神告訴我，他說：「在他經營幾十年事業小有成績，但經營上一路辛苦，最苦的是人問題，溝通就是考驗。」他說從一個好的經營想法，到同仁一起執行就是挑戰開始，因為大家也不同專業領域，還有人生價值觀不同，好像讓一群人由來自不同國度與星球的人，還要談出共同點，不僅一大堆問題產生，內外衝突與協調就出了很大問題，更難能一起合作，深覺溝通真是一件看似簡單但複雜問題。

　　其中溝通不僅在平日會議、簡報、文字、專案進行等，我們看見很成功溝通的人，除人格特質要能「取之以信」，已經完成溝通一半效益；加上表達清晰有邏輯要「說之以理」，加碼一半功力；最後加上過程中有感性訴求「動之以情」就完成最後一哩

　　成功上壘。這是我們需要不斷去體驗與練習的，有的這些好的練習，相信加上自己專業與態度，一定讓追求人生路上中痛苦指數降低。

　　作者宏裕兄，一直是我很敬佩人物，不僅聽、說、讀、寫精湛，每次與其聊天與聽其課時，如沐春風感覺，似乎穿梭現代與古今宇宙間人物，讓自己常感「與君一席話，勝讀十年書」，相信許多人也會遇人生挫折失意與工作動機時，常看許多類似心靈雞湯與工作技巧卻沒用，事實上，從筆者書中找出如何做方法論，也就是「How to do」，這是我最喜歡的。

　　深信因為許多事物學習，無法從別人理論與文字中，一定是經過自己執行後深刻反思，才會找出自己修正後經驗學來，如此四兩撥千金般操作，讓工作事業與人生都能精彩，大力推薦這本好書分享。

　　每個人都有自己人生課題，平日忙了一天除了工作成就與報酬外，下班後或忙碌之餘，除好好享受人生樂趣，建議撥時間找一些相應好書或文章，與自己對話一下，相信會有一種美妙感覺，我們不要在現實壓力下，犧牲自我人生心靈豐富與健康：重新找出人生意義與動機，善用溝通能力，也許與一群人才共事，或自己不斷精益求精正面循環，或幫助別人成長。讓每個人再找回冷靜的腦、溫暖的心、熱情的手，這才是我們追求人生的本質。

仲悅企管總經理　**吳桂龍**

推薦
序三
——

非術而已，唯真不破

　　我認識的宏裕，是一位認真、善良、幽默、真情、正直、智
慧與自省的人。他有著堅定的人生價值觀，多年來，看他有如身
處人類職場，混沌世界中的唐吉訶德，他不斷的著書立說，以全
人觀點的視角，希冀貢獻一些他個人對生命的領悟所得，給身處
職場戰士們另一種非純粹為「術」的觀點；縱使，猶如茫茫大海、
芸芸眾生中一個微弱的聲音，但他仍然堅定地相信，這份善的信
念，最終定能發揮滴水穿石，撥雲見日的影響力。

　　以下我分享一些深具同感的觀點：

　　在疫情蔓延的時代，封鎖與隔離，可以限制的一個人軀體，
但卻封不住人心的焦慮。

　　在自媒體風行的年代，諸多能夠充分掌握話語權的人，在言
語與行徑方面，卻多見「受人歡迎，卻不受人尊敬」的現象。

　　淺薄的價值觀與言行不一，造成了不被信任的人格，因此也
造就了不被信任的年代。

　　人們只選擇自己相信的相信，即便是錯誤的認知，但是只要
你相信，謊言仍然可以是真理，魔鬼也可以是救世主，而往往你

的最愛，也可能是他者的最恨，反之亦然，因此，能夠說服他人之人，是必須具備足以點出對方盲點思維之人，能立足制高的視野，方能綜觀全局。

人性的醜陋與美麗，並存於每一個時代，但是在艱困的年代裡，令人感觸尤深，因此，讓人對於生命存在價值，產生失望或是希望的不同抉擇。

這個時代巧言不難，但難在巧言仍具真情。

宏裕的這本新作，結合了中西方管理學、聖經、儒家學說、心理學，是一本以良善人性為出發點，深入淺出，不僅談管理並也淑世人心。

最後以他書中的三句良言為結尾：「用謙卑說感恩的話、用愛心說溫暖的話、用良知說誠實的話」

張宏聲

台北市立美館作品典藏藝術家、40 年影像教育工作者、國際展能節（International Ambilympics）澳洲、捷克、韓國、日本、法國等賽，之資深攝影類國際裁判

推薦
序四
▬

讓喜歡的事，成為生活！

讓喜歡的事，成為生活！

宏裕是一位既有理性思維，同時又有感性情懷的人。因為他個人的特質，所以，總能在他的書中感受到論證結構及抒情修辭並容的美。

他十多年來毫不間斷有紀律地筆耕，將他職場經驗及生活閱歷出版成冊，總是讓我深感佩服！宏裕秉持著「分享的喜悅是加倍的快樂」這份初衷而行，他相信文字是有力量的，所以，選擇將時間投入在他所熱愛的書寫上。

曾聽宏裕說過：「我思、我寫，故我在」。這信念促成他不斷地沉思與心靈對話，完成多本不同主題領域的書籍，滋養有緣閱讀他著作的讀者。而這一切源於他對執筆的樂愛、對文字分享的熱情啊！

九年多前一份機緣，我愛上熬煮手工果醬，偶而會將果醬分享給同事朋友及合作夥伴。宏裕時常感謝我用心熬煮天然健康美味的果醬，分享食用果醬心中感到很喜悅幸福。他曾說：「妳產出果醬和歡笑，我產出書籍和話語。」因為他和多位朋友的催生，

2016 年「悅好物集」品牌誕生，興趣變成新事業，開啟一連串的奇妙旅程。

3 月「悅好物集」經典款桂花蘋果醬榮獲 2021 A.A. TASTE AWARDS「全球純粹風味評鑑」美食獎兩星榮耀深受鼓舞！而宏裕是最初鼓勵我可以販售幸福滋味手工果醬的人。當個人抱持職人精神，在自己的位置上發揮所長、傳遞能量，就有機會做到宏裕先生在這本書強調的：

說服自己，專注堅持十年磨一劍；

影響他人，優質產品創造幸福感；

改變世界，小事積累成就大事業。

祝福每個人都能走在自己喜愛的路上，讓喜歡的事，成為生活！

捷晟國際管理顧問公司共同創辦人、悅好物集創辦人 江玉瑛

推薦
序五

有效溝通、有感溝通

　　除了少數有語言障礙的人之外，每個人都會說話。但會說話不代表會把話說好。名嘴、網紅當道，口才便給、能言善道的人似乎掌握了社會的話語權，也贏得了聲量。然而過度喧嘩、熱鬧、吵嘈的世界，也讓我們無法靜下心來沈澱心境、梳理思緒。

　　關於說話，古聖先賢似乎從未正面肯定過「伶牙利齒」這個特質；孔子就說了：「巧言令色，鮮矣仁。」愈是說得天花亂墜，愈會讓人反感戒備。至於要怎麼認清一個人的本質？孔子也說了：「視其所以，觀其所由，察其所安，人焉廋哉？人焉廋哉？」用白話文講，就是「聽其言，觀其行」；長期觀察一個人的言行是否合一，應該就八九不離十了。

　　坊間教人如何「說話」的書籍很多，但要把話說進對方的心裡，則不脫「真誠」兩字。再炫麗的詞藻，也比不上發自內心的言語。還是孔子說的：「辭達而已矣！」不論口頭言語或書寫文字，只要能表達意思就夠了，剩下就是發自真心的對待與溝通。

　　大家都在講溝通，但溝通不是辯論，硬將自己的意見塞進對方的耳朵裡。有效的溝通，是先思索自己的觀點和出發點，是否

基於利他也利己的心態，再以適當的方式說服他人接受。人與人互動，若能將心比心、以誠相待，再大的歧見也有緩和的契機。

　　本書作者張宏裕先生從事顧問講師十多年，並出版相關著作十餘本；這本《金蘋果在銀網子裡》，更結合了作者深厚的專業及豐富的經驗，將溝通的主軸定調在人格、邏輯與情感。若與我們平常所認知的「法理情」對照，其中人格可視為個人堅守的原則，與法之恆常不易相通；邏輯為論理之學；情感則是真情對待。

　　本書並不設限溝通的對象，從日常交往、上台簡報、組織互動、部門管理、客戶關係等等，都有專門的篇幅參考。相信讀者必能在工作、社交等方面的人際溝通更有效、更有感。

崇越集團董事長　郭智輝博士

推薦
序六

理與情的說服力——
入乎其內，出乎其外

　　有幸先拜讀了宏裕老師的第十一著作，十多年來見證了他在企業教育訓練界的投入與影響，這本書涵蓋了他專業精闢的分析與分享，如何與時俱進的新思維、贏的策略、以及感受到他詩情雅意的魅力。

　　在不確定的年代中，我們有太多海潮般的訊息，卻相對很少的時間思考，文中窺見宏裕「快寫慢想的秘密花園」，人與自然的連結，心境怡然自得，尤其此刻正處於台灣疫情的升溫，能懷有一份閒適心映照生命，由身閒到心閒，保持靈明的心性，則能觀照萬物，無入而不自得，成為認真任事的自由人。

　　近代文論家王國維《人間詞話》有一段話：「詩人對於宇宙人生，須入乎其內，須又須出乎其外。入乎其內，須故能寫之；出乎其外，故能觀之。入乎其內，須故有生氣；出乎其外，須故有高致。」

　　祝福宏裕，並期待有更多如此眼界寬、意境高的好作品。願

大家一同培養共讀文化，重塑心智慧；我跟結識二十多年的學員組成了十二位成員的讀書會，藉於長期的觀點交換，激發創造力，產生信念，創造共好人生。唯有深度閱讀，觀點表達，思考的寫作，才是深化職場魅力的要素，成為自己成功人生 CEO 的關鍵。

開創企業管理顧問有限公司 總監　吳如珊

推薦
序七
—

上善若水，止於至善

「醫者，父母心也！」這是我當醫師的信念，也是成立淨妍醫美集團的宗旨。我期望照顧到求美者對美的追求，也同步守護求美者的安全與安心，在醫美產業中樹立一個「善」的典範。

一直以來，拜讀了張宏裕老師的許多著作，除了見識到張老師在行銷、業務、與企業管理的獨特見解；也對於「建立人格與品德」的品牌經營思維深受啟發。因此一直心心念念，想邀請張老師授課，到了 2020 年終於一了心願。雖說課程是行銷與顧客關係管理的主管培訓，卻感覺像一場人生課程的洗禮。

本書精髓在於這句聖經的箴言：「一句話說得合宜，就如金蘋果在銀網子裡。」在我的解讀：打動人心的話語就像是顆金蘋果，放進銀網子裡時更顯發光耀眼；對品牌來說，與消費者維持真誠的溝通，就是彰顯品牌價值的過程。張老師也提醒了我，想進行「有意義的對話」真誠地溝通，須建立在「理性」、「感性」與「人格」上，才能有所收穫。

「理性」首重邏輯與數據，我要求醫療與管理團隊都必須擁有這部分的能力，確保每個決定都有客觀資料與數據知識的支持，

才能取得消費者信任。

　　「感性」對醫美產業極為重要，感動式的體驗行銷，要讓走進診所的求美者感受到安心與歸屬感，因此場景中的「第一線服務同仁」是關鍵的部份。顧客關係經營是從術前的諮詢，一路到療程結束後的關心追蹤，是長期信任的互動模式、不可間斷。

　　書中提到品牌「人格」的養成，應該本於良知，出於真誠；而「上善若水，止於至善。」則是我對醫美產業的堅持。上善若水出自《道德經》，它提醒大眾為善是利萬物而不爭虛名；止於至善則引用自《大學》，告訴我們應以向善為目標。淨妍醫美集團肩負企業社會責任，多年來與地方法院、勵馨基金會等單位進行義診合作，為青少年除去身上的刺青，並且獎助清寒大學生朝夢想邁進。我們用心將品牌的魅力建立在品德上，在新冠肺炎疫情籠罩下的 2020 年，集團全年營收超過 20％成長，逆勢改寫歷史新高，道理其實就是實踐張老師傳授的三大方向。淨妍醫美已邁入第十一個年頭，在兩岸擁有二十一家連鎖醫美診所，期許在未來，我們成為兩岸受歡迎、且受尊敬的醫美品牌。

淨妍醫美診所總院長　陳俊光

寫在
書前
▬

眾聲喧嘩，不及一滴清淚！

　　2020 庚子年元月，當人們尚沉浸在春節的歡愉中，新冠肺炎疫情（COVID-19）卻悄然引爆。隨著疫情擴散，封城、封市、封國境，彷彿末日降臨。即使「封鎖、隔離」成為關鍵字，但焦慮的人心卻封不住。

　　見證世紀瘟疫的期間，看到人性的醜陋與美麗。本書寫作動機緣於疫情下，人們如何重建新生活，這就需要「合宜的話語」，才能重拾人際信任，彰顯人性美德，不枉費世紀災難帶來的領悟成長。

　　今天自媒體年代，人們充分掌握話語權，但在言語、行徑方面，卻多見「受人歡迎，卻不受人尊敬」現象。污言穢語、譁眾取寵、傷風敗俗、肆無忌憚，卻習以為常，導致信任崩解。不信任年代的徵兆：對立而無法理解、抱怨卻不知感恩、擁有但不懂知足、批評而不知反思、諉過卻不願反省。

　　《聖經》（箴言 25：11）「一句話說得合宜，就如金蘋果在銀網子裡」，金蘋果隱喻：話語美德，以真誠與愛出發，傾聽需

求並回饋，進行有意義的對話，滿心期待溝通有所收穫。因此，話說合宜、觀點明確，就如金蘋果在銀網子裡，讓行動博信任、理念能說服，效果得彰顯。

說服（convince 或 persuade）是透過溝通，傳情達意，影響對方的心理，讓對方自由抉擇，而非被迫接受。哪些情境需要溝通說服呢？如：理念傳揚、公眾簡報、人際溝通、行銷提案、顧客關係、共好組織、家庭維繫、政策宣導等。

古希臘哲學家亞里斯多德（Aristotle）認為：具備人格（ethos）、邏輯（logos）、情感（pathos）這三項基本元素，更能達到說服目的。我的解讀：「人格」是價值觀與言行合一的身教，也是最好的說服。本於良知，出自真誠；「邏輯」是理性思維；「情感」是感性抒發。說服要結合價值觀、行為、文字與語言，才能展現魅力（charisma）。理性和感性訴求，成為說服傳播的核心概念，然而道德訴求彰顯人格誠信，卻在今日被嚴重貶低。

人格：終生行走的品牌

疫情間，我們看到人性的醜陋與美麗。人性的醜陋，諸如：交相謾罵與指責、歧視與仇恨亞裔族群、爭功諉過與卸責等；但口罩禮讓與捐贈、各國物資互相援助、人溺己溺、真誠同理關懷等，也呈現出人性美麗的一面。法國哲學家巴斯卡說：「世界的問題，都源自於一個人無法好好待在自己的房間」。中庸也說：

「君子慎獨」。我的解讀是，我們需學習與自己獨處並反躬自省，唯有獨處靜默、傾聽內在的聲音，建立「信心、盼望、勇氣」價值觀，才能喚醒良知與自覺。當領導人缺乏質疑自身信念的智慧，追隨者就必須有勇氣去說服他們改變想法。

邏輯：追本溯源的理性論證

眾聲喧嘩的年代，你要說服誰？又要被誰說服？政客、網紅還是名嘴？當意識形態、民粹操控、假新聞與詐騙集團橫行，人們往往只選擇自己願意相信的。但你的最愛，可能是他的最恨，反之亦然。因此，我們需要更多客觀的資料、數據、歷史佐證分析，才能深度說服，贏得信賴。試想，以賈伯斯的精明與睿智，能夠說服他的人，除了具備勇氣、堅持之外，就是足以點出對方盲點的思維。

情感：溫度與感性終將致勝

如果上述「人格、邏輯」都無法說服時，就學習培養感性情懷吧！身處世事

紛亂、人心惶惶的年代，常讓人變得冷漠，該哭的時候哭不出來、該笑的時候笑不出來。但會哭會笑，人生才奏效。清淚可來自「感時花濺淚」的憂國憂民、親人逝去的悲慟、痛悔反思的

改變。眼淚背後的自覺與感動，讓我們重新振奮、感受愛的溫暖。

飄風不終朝，驟雨不終日，黑夜的盡頭是黎明。看不見的病毒，讓人際疏離；當有一天，你感到灰心沮喪，希望重拾彼此信任的關係，不妨開啟金蘋果的思維：

用謙卑說感恩的話、用愛心說溫暖的話、用良知說誠實的話。

精準說服力

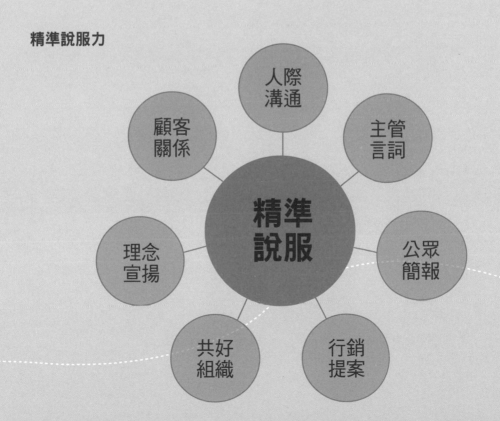

人際溝通

主管言詞

顧客關係

精準說服

公眾簡報

理念宣揚

行銷提案

共好組織

CHAPTER 1

激勵說服的力量

人格、情感與理性

在這真假不分、虛實難辨的年代，

人們只願相信他所相信的！

合宜的話語、言行與人格有如空谷跫音，

卻也如同「金與銀」—相互輝映、相得益彰！

人格重真誠、邏輯重論證、情感重同理；

用謙卑說感恩的話、用愛心說溫暖的話、

用良知說誠實的話。

1.1

———

一句話說得合宜，
就如金蘋果在銀網子裡！

用「口」演講─表達清晰，節奏流暢；用「腦」演講─邏輯思維，資料證據；用「心」演講─出自真誠，高瞻遠矚。

而你，身處在哪一層？

《聖經》（箴言 25：11）「一句話說得合宜，就如金蘋果在銀網子裡」，金蘋果隱喻：話語美德，以真誠與愛出發，傾聽需求並回饋，進行有意義的對話，滿心期待溝通有所收穫。因此，話說合宜，觀點明確，就如金蘋果在銀網子裡，行動博信任、理念能說服，效果得彰顯。

流暢的口才表達，是一種化繁為簡的思想藝術。應用在人際交流、業務拜訪、專題簡報、群眾募資、向上溝通、向下管理等。說話的溝通藝術首在於瞭解「聽者」的背景，察言觀色，尋找適切溝通頻道，才能產生共鳴，所謂「嚶其鳴矣，求其友聲」。至

於能夠脫稿演講和即興發言，會說是因為會想（思考），會想是因為生命閱歷的豐富領悟，並懂得「言簡意賅」摘要歸結心得。揆之雄辯人才如：諸葛亮、蘇秦、張儀，啟動如簧之舌，舌燦蓮花的能力，滔滔不絕，舌戰群雄，此乃邏輯思維（獨特觀點）、故事潤滑與數據佐證，成為其流暢口才的三大支柱。

　　我對於口才的認識，緣於某次在高中班會討論時，驚覺有三種現象：第一種看似口若懸河，實則流於油嘴滑舌、嘩眾取寵；第二種貌似溫良恭儉讓，實則條理分明，表達清晰。第三種始終保持沈默，觀望不語。我因口拙笨舌，選擇第三種，但暗自立下心願，有朝一日定要口若懸河，扳回一城。

　　進入大學後，興致勃勃參加「校際辯論賽」，台上展現「初生之犢不畏虎」的氣勢，慷慨激昂剴切陳言，數據佐證並歸納論點。對方也盛氣凌人，尖銳質詢，言詞答辯，盡顯機鋒，逼得我數度急切打斷對方發言，最後成績揭曉：我方慘敗！事後深切反省，發現失敗在於「畫虎不成反類犬」：一味模仿學長「玉樹臨風，瀟灑自若」，卻失去沈穩若定的誠懇台風。堆砌華麗詞藻，卻不懂得積極聆聽對方論點、尊重對方的答辯，最後落得嘩眾取寵、華而不實，當下我開始思考：魅力口才，到底是要「受歡迎？還是受尊敬？」經由不斷嘗試調整演辯風格、思維邏輯與話語內涵，半年後終於在另一場「三校聯誼辯論賽」奪得個人最佳辯士獎。

　　至今擔任企業培訓講師已屆十六年，每一次上台的公眾演說，

在技巧面，我不斷揣摩「內容、聲調語態、肢體語言」練習，更學習「先說故事，再講道理」的故事潤滑，感性與理性兼容並蓄，說服聽眾。在心態面，提醒自己：「誠於中，形於外，故君子必慎其獨也」，深怕自己「夸夸其談，言過其實」，卻未能「言行合一，以身作則」。

在這「人人頭上一方天，個個爭當一把手」的年代，每人都急於掌握「發言權」，想要發光發熱，一舉成名、一戰功成。多年後我深自體悟—演說的三重境界：用口演講、用心演講、用生命演講。

願你我成為充滿「生命與情感」的演說家。

演說的三重境界

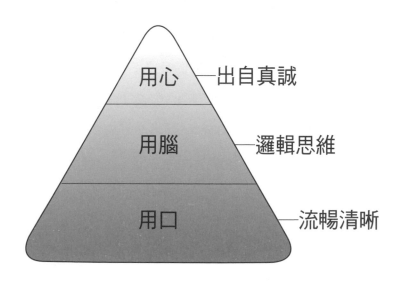

金蘋果思維

辯才無礙，還要真誠說話

說話自信，切莫過於自負。真誠說話才能感動人心，如能加一點點幽默，能增加潤滑，減少摩擦。用熱情說出你的夢想，用愛與尊重散播真善美。

1.2

巧舌真情，剛柔兼濟─觀人與說服

「水能載舟，亦能覆舟」，口、耳、目、心四者相互呼應，
才會利人利己。

　　《哈佛商業評論》一篇報導〈說得動賈伯斯的說服力〉，作
者亞當‧格蘭特（Adam Grant）曾說：「要改變一個人的看法，
有四道障礙要跨越─去除對方的自大、固執、自戀、並懂得和對
方有不同見解的爭辯。」而《鬼谷子》一書是縱橫家的論述，崇
尚謀略、權術、遊說、辯論的藝術，就懂得洞悉人性的心理。其
中：捭闔、反應、內揵、抵巇、飛箝、忤合、揣摩、權謀、符言、
轉丸等至少十種以上技巧。我閱讀後略有省思，摘要其篇章旨趣：

● **捭闔篇**：善於窺視對方虛實、瞭若指掌之後才能大開大合。捭是
　打開心扉、積極主動，闔式關閉心扉採取守勢。

● **反應篇**：懂得投石問路，靜聽對方發言，仔細分析，反覆誘導。

● **內揵篇**：勸說君王，可類比職場向上溝通懂得及時進諫、進退有度、上下情意相投。

● **抵巇篇**：抵塞縫隙、堵住漏洞之意。見微知著，以防「千里之堤，潰於蟻穴」。

● **飛箝篇**：擇人任事之前，明察其言詞的真實與虛浮，有時飛而箝之，拋出具有誘惑力的言詞，讓其上鉤。鉤其所好，再以箝控制。可隱喻人力資源的「選、用、育、留」。

● **揣摩篇**：揣情摩意，避其所短，從其所長。藉由試探來洞察判斷。言必時其謀慮；謀之於陰，成之於陽。

● **忤合篇**：忤為牴觸；合為符合不違背。但計謀不兩忠，必有反忤：亦即任何計謀都無法同時滿足符合兩個主人的心意，一定會互相牴觸。所以忤合的運用在於先估量自身的聰明才智，然後度量他人的優劣長短，才能隨心所欲。即優先順序與輕重緩急的考量。

● **權謀篇**：權衡失敗得失，謀劃方法策略。故變生事，事生謀，謀生計，計生議，議生說。分析競爭態勢，才能避實擊虛、因敵而致勝，所謂運籌帷幄之中，決勝於千里之外。

● **符言篇**：領導者要「安、徐、正、靜」，心平氣和、虛懷若谷，才能統御人心。目貴明，耳貴聰，心貴智。以天下之目視者，則無不見。以天下之耳聽者，則無不聞。以天下之心慮者，則無不知。

●**轉丸篇：**動態的看待事物變化，這是轉丸的作用，比喻彈性應變，忍耐等候。吃虧是福，迂迴前進，像抱著圓球一樣，擁抱變化。如果現在形勢不好，就等待轉化，如果時機沒到，就靜等機遇。像圓球一樣的滾動，就不會遇見阻礙。

（1）口、耳、目、心，四者相互呼應

　　能說會道，眾口鑠金 忠言順耳，賦貶於褒。巧舌如簧，真誠待人。鬼谷子有四個得意學生，就是孫臏與龐涓、張儀與蘇秦，雖才華橫溢，智勇雙全，各人際遇卻大相逕庭。龐涓與孫臏同學兵法，卻嫉妒其才能，把他騙到魏國，用計將孫臏處以臏刑（即去除膝蓋骨的極刑）。後來孫臏投奔齊國，輔佐齊國大將田忌，用計在馬陵道中埋伏，龐涓終被亂箭射死。蘇秦到趙國，提出合縱六國以抗秦的戰略思想，任「縱約長」，兼佩六國相印，使秦十五年不敢出函谷關，後遭奸臣忌恨被人刺傷。張儀被秦惠王封為相，出使遊說各諸侯國，以「橫」破「縱」，使各國紛紛由「合縱抗秦」轉變為「連橫親秦」。張儀縱橫於戰國的外交舞台二十餘年，聲名顯赫。

　　「水能載舟，亦能覆舟」，口、耳、目、心四者相互呼應，才能利人利己。

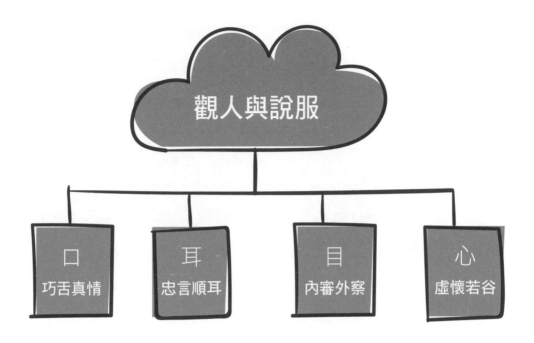

（2）識人之法，觀人之術

　　諸葛亮在《知人》一文中，提出觀人七術：「問之以是非而觀其志；窮之以辭辯而觀其變；咨之以計謀而觀其識；告之以難而觀其勇；醉之以酒而觀其性；臨之以利而觀其廉；期之以事而觀其信。」這是從對方的「志、變、識、勇、性、廉、信」考察，面面俱到。

　　亦即：探問一個人的是非觀，可以看出這個人的志向；將他逼到詞窮的地步，看他如何應對；臨事對策，可以看出他的出謀劃策水平；告知困難的事，考驗對方遇事剛柔並濟的勇氣；飲酒

吐真情、開心扉，能夠自我剋制，藉以考察他的品性；觀察對方面對利益的態度，可以看出他的節操；拜託他辦事時，由此觀察對方是否能如約辦到。

所謂「不信不立，不誠不行」，諸葛亮的識人之法，在如今信任崩解的網路年代，依然是行事為人的準繩。特斯拉執行長馬斯克（Elon Musk）曾表示，他親自面試時，會問一個問題，以探究面試者究竟是真材實料，還是口若懸河，卻誇大其辭。他的問題是：「談談你曾在工作上遇到的最困難問題，以及你是如何解決的？」。因為真正能解決問題的人，能夠詳細描述小細節，而誇大者卻無法詳細敘述解決問題的過程。

說服自己：出自真誠，思慮周延

「誠於中，形於外，故君子必慎其獨也」。會說是因為會想（思考），會想是因為生命閱歷的豐富領悟，並懂得「言簡意賅」摘要歸結。

1.3

━━━

你要說服誰？人們只選擇自己願意相信的！

在這個口號喧囂的年代，彼此用放大鏡、顯微鏡互相檢視，多的是「口號的巨人，行動的侏儒」。

於是，人們不會輕易相信他人所說的，人們開始「聽其言，觀其行」，看他人怎麼做……

政治，是一場沒有煙硝味的戰爭。看了 2020 年美國總統候選人的辯論，感觸良多。我們不想見獵心喜，但所有選舉過程，都再次凸顯人性。初次辯論，候選人中途插話打斷對手情況嚴重，淪為吵架大會。最後一場辯論，增加消音新規定，才有改善。兩人依舊互批彼此，一批抗疫不力；一批家族醜聞。當一方說著要「學著與疫情共處」，另一方則譏諷說：其實是要「學著與疫情共處」。

一方候選人開始用感性口吻說著：「美國目前已經有二十萬人死亡，到年底美國還會死二十萬。當我們面對餐桌上空的椅子，晚上摸到另一邊空的床位時，情何以堪。」

病毒的疫情，也延伸政治與經濟的疫情。另一個殺戮戰場在金融市場：我們早已分不清投機？還是投資？2021 年元月份美國 GameStop 上演上演「小蝦米對抗大鯨魚」的戲碼：GameStop 一路從 3 美元最高狂飆至 483 美元，過程令人嘖嘖稱奇。

事件源於一名散戶斥責華爾街金融機構，稱他們在 2008 年金融海嘯，帶給數百萬民眾莫大苦難，卻沒有受到任何懲罰，反而得到救助。如今又公然非法做空 GameStop 這樣的股票，沒有從危機中吸取教訓。

個人投資者厭倦大型投資機構，動輒操控一家公司的價值和命運，於是團結的散戶，決定反撲狙擊，彼此報復。

取之以信、動之以情、說之以理

近年來當「美國優先」的保護主義路線喊出後，全球各國也驚覺「全球化」可能隱藏著倒退的風險。2020 年末，美國動輒將他國列為匯率操縱國觀察名單，台灣央行總裁也嚴正表示「你的寬鬆，就是我們的挑戰」、「操縱匯率，不能從大國來看」。

　　此外，當更多的路權、海權與空權，形成的地緣政治衝突益形激烈，各國自然也可紛紛自築高牆，彼此對抗。唯我獨尊的「本國優先」口號，紛紛出籠，爭相效尤。當美中貿易與相互抵制方興未艾之餘，「歐中投資綜合協議」CPI 也於 2020 年倒數兩天談成，對抗美國保護主義。互惠開放包括：金融服務、製造業與房地產、再生能源市場限制等。重視互惠、公平競爭和價值。

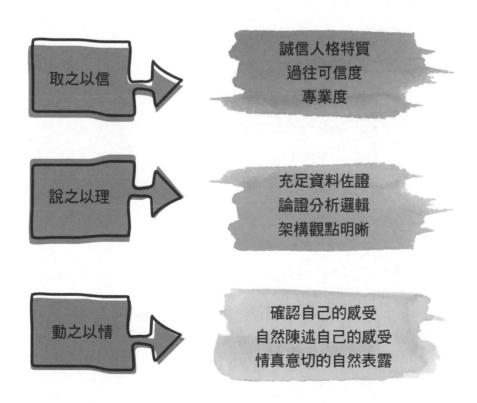

取之以信　→　誠信人格特質　過往可信度　專業度

說之以理　→　充足資料佐證　論證分析邏輯　架構觀點明晰

動之以情　→　確認自己的感受　自然陳述自己的感受　情真意切的自然表露

　　因此，在「家事、國事、天下事，事事關心」的關注下，人們每天觀看的政治連續劇，或精算惡鬥、或爭功諉過、或批評論斷，這也僅忠實反映身處「不信任年代」之下，「職場、家庭與社會」的人性寫照。

　　我們都變成「有嘴說別人，無心改自我」。《聖經》歌林多前書（四：9）：「因為我們成了一齣戲，給世人和天使觀看。」看戲的入了戲癮，演戲的跳不出來，戲裡戲外，焦慮不安，人際疏離、對立與懷疑，彷彿都無法掙脫這種牢籠。不知這與日漸攀升的全球憂鬱症患者，已將近三點二億人（台灣將近二百萬人），是否有關連呢？

說服過程中的因素：信任、訊息與資源

　　銷售天王說：「世界上所有人每天都在做兩件事：將我的想法放入你的腦袋，將你的金錢放入我的口袋。」

　　其實，「說服」過程中要彼此心甘樂意、心悅誠服、心滿意足。政府「說服」百姓可以控制疫情，百姓「說服」自己不要過度恐慌。百姓在事件開始的狀態或立場是缺少訊息、充滿疑慮、恐慌牴觸；政府則需要透過溝通與了解，才能達成說服的三個目的：理解、信任與行動，進而建立正面穩固的人際關係。

　　說服過程中不斷地積累三個因素：信任、訊息與資源。信任建立於過往的威信；訊息基於公開而非隱匿；資源建立於執行力的整合發揮。

　　人們選擇「願意相信的」：生命會自找出路，生存會自尋活路。

　　5G／AI／VR／AR／大數據的科技年代，線上線下、虛實不分。當人機需要協同合作共存共榮；人類該如何重拾以往「以物易物」的單純信任呢？

　　《未來產業》作者亞歷克‧羅斯提到：「當金錢、市場與信任都變成隨身碼；當網路駭客入侵也變成武器；當大數據與臉部辨識讓醜聞無所遁形；人們該如何看待這世界？」發明比特幣（Bitcoin）的社群源於不信任傳統金融機構，試圖憑藉演算法和密碼學，自己建構以信任為基礎的金融系統。

　　平均專注力日趨薄弱的年代，人心不足蛇吞象。人們總想一夕致富、一戰功成、一步到位，卻不願意蹲好馬步，努力付出，最後落得一敗塗地。例如，違法吸金往往伴隨華麗的話術裝飾，譬如佯稱公司前景可期、獲利爆衝、投資保證獲利、可以獲取高額利潤等、可提供資金出借給上市櫃公司等，用這些話術來引誘欺騙投資人。如此騙局不斷上演，因為總有人不斷上鉤，雙方願打願挨。

　　近來報章媒體更掀起「一頁式廣告」詐騙業者，遍及臉書、入口網站或社群媒體等。多半沒有公司地址、客服電話（或 人接

聽），只留下電子信箱或加 LINE 私下交易。詐騙方式如下： 假商品混充、假明星代言、假客服扮演。因為詐騙方式層出不窮，於是，人際的信任關係崩解，對立與仇恨、恐懼與懷疑漸增；於是，人們開始只願相信「自己所願意相信」的；於是二元式的對立「鐵粉變酸民」愛之欲其生、恨之欲其死。

今年 2020 年是二戰結束七十五周年，今天 10 月 25 日也是台灣脫離日本殖民治統的光復節。人人心中有一把尺，在於人的良知自覺與自主意識提升，於是人們開始只願相信「自己所願意相信」的。人們會透過眼睛所見、心裡所感、耳朵所聽、親身經歷、網路搜尋等管道媒介，自行判斷歷史多面的見解。正所謂「你有張良計、我有過牆梯」，人格的平凡與偉大；喚醒人心的溫暖與善良。

人格是信任的基石，終生行走的品牌。即便人心浮躁的年代；總有一些人關切那些重要的事情。

2016 年台灣一位政府官員在取締被非法放置的流刺網時，她發現一隻被緊緊纏住、奄奄一息的海龜。那時她想，不解決流刺網的問題，成立保護魚種生態區也沒有意義。她就是時任基隆市產業發展處海洋事務科科長的蔡馥嚀女士。

因為 1993 年，國際協商公布公海全面禁止使用流刺網捕魚。歐美各國紛紛「自律」，不僅公海，連近海也不允許，但台灣卻

慢了好幾拍。於是，她開始沒日沒夜地，甚至大半夜在黑漆漆的漁港埋伏。其實她心裡怕得要死。漁船、網子、人、下網的瞬間都必須捕捉到。相機、空拍機、望遠鏡是必備配件，有時還必須忍受海風直吹，守上整晚。

此外，她不斷與漁民面對面溝通，推動漁具登記管理實名制、流刺網退場機制等。終於皇天不負苦心人，用溫柔而堅定的力量，「愛與皮鞭」齊下，兩年讓八成刺網漁船退場。蔡馥嚀科長執法的魄力與認真，讓原本漁會、政府、志工之間的角力，轉變成合作關係，一起守護海洋。她說「我的動機很單純，其實就是要做不做而已。」

〜以上節錄《今周刊》報導蔡馥嚀女士，關於漁業永續的故事。

先說服自己，才能邁向共好

英國作家歐威爾 1945 年出版的的名著《動物農莊》，隱喻掌握權力後的傲慢。原本農場的一群牲畜，在豬的領導下，反抗剝削牠們的主人，當掌權後的豬，卻宣稱「動物皆平等，但有些動物（暗指自己）比其他動物更平等」。之後為對抗人類，豬的權力慾望更變本加厲，和人一樣穿起衣服，兩腿直立走路，甚至彼

此內鬨惡鬥，和人類把酒言歡，爛醉如泥。其他動物們噤若寒蟬，否則性命會遭遇不測。最後其他的動物在豬的掌權領導下，又陷入另一個被剝削的際遇了，也已分不清當初究竟為何而戰了？

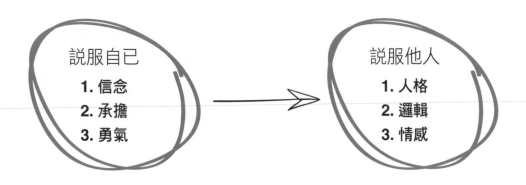

　　撰寫本書期間，疫情逐漸蔓延，心裡隨之忐忑起伏，獨處與靜思，深切的反省，始有諸多領悟值此後疫情時代，世界該如何共好呢？

- **自己說服自己**：善盡公民職責，持守信念、勇於承擔、鼓起勇氣、懂得感恩。
- **政府說服百姓**：執行政策兼顧長期與短期、有形與無形的利弊衡量。
- **主管說服部屬**：以身作則，營造激勵環境，即便居家辦公、數位轉型、人機協同的趨勢來臨，也可樂在工作，創造績

效。

● **父母說服子女**：瘟疫無情，真愛為伴。彼此關懷，重拾溫馨親子關係。

● **企業說服顧客**：趨吉避凶，未雨綢繆，彰顯價值而非價格。

改變世界　　　　　說服自己

影響他人

金蘋果思維

捨我其誰、更待何時？

蔡馥嚀科長的那句話「我的動機很單純，其實就是要做不做而已。」一直縈繞在心。**If not me，who ？ If not now，when ？**捨我其誰、更待何時？

1.4

人格，終生行走的品牌：「信、望、愛」價值觀

　　務要謹守、儆醒。你們的仇敵魔鬼，如同吼叫的獅子，遍地遊行，尋找可吞喫的人！

〜《聖經》彼得前書（5：8）

　　功利導向的社會，追求快速成功致富；瀰漫「只要我喜歡，有何不可以？」的價值觀大行其道，倫理法治觀念薄弱。一談到誠信正直，總讓人嗤之以鼻，視為衛道落伍。於是許多邪惡的事情蔓延，直到禍害連連、東窗事發，才稍有警覺。下列案例，凸顯人格的重要性：

　　美國一位號稱透過指尖「滴血驗病」的新創血液檢測公司「療診」（Theranos），創辦人伊莉莎白‧霍姆斯（Elizabeth Holmes）宣稱其創新的驗血技術將顛覆醫療產業，因此邀大咖

入股，在矽谷刮起旋風。沒想到這家生技公司吸金 2,700 億後，2015 年被拆穿其技術根本是一場騙局，後來《華爾街日報》記者凱瑞魯花了 3 年多時間將這起傳奇事件寫成《惡血：矽谷獨角獸的醫療騙局！深藏血液裡的祕密、謊言與金錢》一書。

　　世界掌控在那惡者撒旦的權勢之下，有許多邪惡不法的事情發生，每天活著就是「價值觀」的征戰。世界追捧的是「功名利祿放中間，情感道義擱兩邊」，那麼不同的價值觀，將塑造不同的人生觀。

魅力，建立在品德上─人格試金石

　　價值觀造就人生觀，最偉大的領導力是品德。人格（Personality）也稱個性，是內隱和外顯的心理和行為模式。代表性格、氣質、品德、品質、信仰、良心，以及由此形成的尊嚴、魅力等。

　　戴勝益（王品集團暨益品書屋創辦人）在其專欄〈董事長說故事〉裡便曾分享：

　　找高階主管條件有三：不崇尚名牌、重視家庭關係、喜歡服務別人。通常面試約需半年之久，這也是他考驗應試者耐心，如果對方耐心不大、興趣不高，早就另謀他就。面談時，大都透過

話家常，了解面試主管的生活方式與價值觀，如在學期間是否參加服務性社團，代表他願意犧牲奉獻，知道他是否符合公司的要求。聊天，也能聊出想法與觀念。

史蒂芬 · 柯維（Stephen R. Covey）在其著作《與成功有約》中也曾提到：「品格是利人利己的基礎。」其中包含：

- 真誠正直：對自己誠實，對人誠信。
- 成熟：有勇氣表達自己感情與信念，並顧及他人利益。
- 富足：擁有堅定價值觀，提供資源，供大家分享。

價值觀的影響力至深且鉅，也是為人處世、安身立命的基本原則。影響層面包含對於金錢、家庭、工作、婚姻、交友、敵人、興趣等的觀點想法。

價值觀的影響力

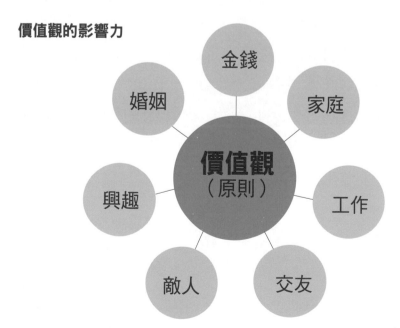

良知與自覺：傾聽內心的聲音

日前爆發銀行理專挪用客戶資金，高達上億元。當老客戶信任老理專的時候，不肖理專就利用客戶的「信任」違法亂紀。迫使金管會終於出重手：理專 A 錢，最高究責董事長。因為之前最高罰款二千萬元對於銀行業者根本是九牛一毛，無關痛癢，致使弊端叢生。

金管會要求銀行建立「責任地圖」並出具聲明書，建立問責制度。未來銀行也要透過反「內部詐欺」規範，揪出涉及 A 錢的理專或行員。2016 年爆發的美國富國銀行（WellsFargo）弊案就是追究到董事長。當時高層施壓那些未達業績目標的理專，於是理專在未經客戶同意下，盜開存款和信用卡帳戶，引發各界不滿。最後富國銀行董事長被迫下台，並支付約 1.9 億美元（約合新台幣 60.06 億元）罰款和賠償金。

例如在中國大陸某集團裡，就有六條一旦觸碰就必須開除的管理高壓線，包括：不能欺騙客戶、不能誇大產品效果、不能給客戶回扣、不能墊款、不能考試作弊、不能造假拜訪。

此外，他們有一張人才座標圖，橫座標是價值觀，縱座標是業績。這張座標圖把員工分成五類。其中，只要價值觀不好，不論業績好壞，是必須開除的。

弗洛伊德將人格結構分為三個層次：本我、自我和超我。人

格的本我是欲望、天性、善良等；自我是理性、機智、監督等；超我是良心、道德、責任、社會機制等。超我指導自我，自我控制本我。

「信、望、愛」人生觀

信（Faith）	信念	啟發	行動
望（Hope）	改變	恆毅	感恩
愛（Love）	反省	饒恕	祝福

「信、望、愛」價值觀：樂在工作，愛在生活

這是一個「人心不足蛇吞象，世事到頭螳捕蟬」的年代，人心的貪婪無度，永不滿足。世事紛繁複雜，人心險惡難測，勾心

鬥角、爾虞我詐、機關算盡。

　　天天上演許多的對立、衝突與焦慮。我們並不見獵心喜，但卻看到「愛之欲其生、恨之欲其死」的激化與仇恨。因此不論西方標榜的民主典範或東方的文化，似乎在這個世代都有缺漏，因此我追尋「信、望、愛」的人生觀。其產生的實質影響力，建構"樂在工作，愛在生活"的富足人生。

「信」可代表信心或信念，信心是來自堅定的信念。

「望」奮勇昂揚的迎接明天，會告訴自己：人生要活對故事！

「愛」愛的能力需要學習：反省、饒恕與祝福。

（1）信（Faith）：建立以信心、信賴與信任的信念與組織環境

　　「信」可代表信心或信念（belief），信心是來自堅定的信念。信念如激勵啟發的一句話，或是標舉的價值觀。「吾心信其可成，則移山填海之難，終有成功之日；吾心信其不可成，則反掌折枝之易，亦無收效之期」。信心經過試煉，生命才能成長。信念足以支撐信心，強化責任心與榮譽感，設下願景與目標，化為行動。

　　在這個不信任的年代，需要更多關注於社會和諧、環保永續、共好當責等議題。宏碁集團創辦人施振榮先生，倡導「王道」是新時代領導人需要的經營理念，落實「創造價值、利益平衡、永續經營」三大核心信念。強調以人為本，利他利己，以價值創新、互利共榮為基底，落實企業永續經營之王道心法。

（2）望（Hope）：**讓自己充滿希望與盼望，並產生醍醐灌頂的正向能量**

新冠疫情在 2020 年 11 月中，再次攀升。全球每日新增確診案例突破 60 萬人，各國疫情不斷升高，彷彿進入隧道，卻看不到走出盡頭的光。但每天公布的三個數字：病例數、康復人數、死亡人數；有警惕、也有盼望。例如 2021 ／ 03 ／ 31：病例數 1.28 億人、康復人數 7,260 萬人、死亡人數 280 萬人。

前副總統陳建仁說：瘟疫、防疫、疫苗，已成為整年的恐慌、試煉與盼望。

世人期盼疫苗能盡快成功上市，人有希望才會有幸福，就像電影「飄」的女主角在最後一幕說的「Tomorrow is another day！」總要奮勇昂揚的迎接明天，會告訴自己：人生要活對故事！

盼望的過程在於先改變自己，才能迎接新的格局。接著，要以恆毅力鍥而不捨；最後，無論結局如何，要懂得感恩，畢竟凡經歷過，都有學習到的功課。

2020 年十大代表字，「蓄、安、韌、惜、勇」屬正面，「疫、悶、偽、茫、封」為負面，正面字達五成，如大旱之望雲霓。人生有黑暗與光明面，盼望就像是點燃一盞希望明燈，即便身處溝渠，也要抬頭仰望星空。盼望過程難免憤世嫉俗，如能轉化為不

服輸的勇氣，將是一股堅強動力。

盼望明天會更好，是需要付出代價的：

● **在職場**：如果盼望能升官發財，必先打好「一萬個小時」的基本功夫火候

● **在組織**：如果我們盼望能夠樂在工作，必先推廣「當責共好」的價值觀

● **在家庭**：如果我們盼望能夠愛在生活，必先善盡為人父母、子女角色職責

● **在社會**：如果我們盼望能夠安居樂業，必先誠信待人、踏實做事

（3）愛（Love）：**真心對待他人，主動同理關懷他人，學習饒恕與祝福**

近年來青少年校園霸凌、學生憂鬱自殺案件時有所聞，造成許多家庭身心靈受創。日前某大學五天內發生三起學生輕生自殺案件，令社會省思問題。教育部長說 2019 年意圖自殺人數增加至 1,350 人，較 2018 年增加 68%，上述只是校園內的事件。

學生自覺在校內發起「Free Hugs」溫暖擁抱活動，希望療癒彼此身心靈，再次喚起愛。一位曾罹患憂鬱症的大學生，在報上表達心聲：學生的憂鬱常被視為「草莓」表現，彷彿表顯出憂鬱，就是暴露弱點，此種氛圍使學生不敢向家人或朋友求助。

背後原因值得探討，如父母加諸的期望過高、自己無法調適

壓力、融入群體環境、或所學不符合興趣等。但我們需要更多的學習自愛與愛人，珍惜生命的美好，並懂得在幫助他人中找到幸福、成就與喜悅。

　　現在學校品格教育已經式微了，不願標舉「禮義廉恥」、「忠孝仁愛」，將之視為教條、威嚴或落伍；取而代之的是西方卡通人物，營造歡樂可愛假象。於是學校、社會及職場的倫理、愛與關懷，蕩然失序；形成老師怕家長、官員怕民代、合法怕非法；更多的自以為是、自私自利、我行我素。

　　愛的能力需要學習—反省、悔改、饒恕與祝福。愛的能力首先要懂得自愛，透過認識自己，與心靈建立良好的關係。進而學習「寬恕他人，就是釋放自己」。

發揮影響力的「力世代」

金蘋果思維

愛的擴增延伸，再進一步就是「化小愛為大愛」，願意幫助與祝福他人，例如「力世代」。當社會愈趨向功利主義的「利世代」，卻有一群「力世代」橫空而出。

「力世代」延伸「Z世代」定義，囊括 22～40 歲的青年；是重視利己權益、報酬的「利世代」；更是服務於社會創新組織、竭力改善社會問題，並發揮影響力的「力世代」。

他們通常具備三大能力：

- 探索自我：用於探索自我與外在環境，職涯定位有更多的可能性。
- 成長思維：動手積極參與偏鄉、社區與弱勢，汲取人生寶貴經驗。
- 逆境挫折容忍：在困境中學習培養恆毅力。

1.5

—

關鍵議題致勝——
願景與夢想的驅動力

　　為達成永續發展目標，每個人都需負起自己的責任，無論是政府、私人機構、公民社會或一般人。

　　～聯合國「永續消費與生產十年計劃」／〈美好生活目標手冊〉（Good Life Goals）

　　2021 年台灣面臨五十六年來的大旱，台灣水情拉警報，超過五成水庫即將見底，日月潭九蛙疊像也見底，部分縣市開始「供五停二」的限水。政府、企業、專家學者等分別提出：鑿井、回收污水、興建水壩、清淤泥、調高水價、節約用水等方案，繃緊神經面對抗旱延長賽。缺水頓時成為全台關鍵議題。報載：2020 年全台每人每日平均生活用水量已達 289 公升，全年用水量 23.6 億噸（相當 12 座石門水庫蓄滿水），民眾節水意識薄弱，偏低水價也難辭其咎。

　　台灣人均降雨量是世界平均的2.6倍，水價約為成本的1／3，台灣水費是全球倒數第四低。相較於以色列位於沙漠的半乾旱區，年均降雨量約台灣的八分之一，用水條件屬於最嚴苛的國家之一，但人民節約用水及政府創新改革意識，值得我們效法。獨特的滴灌技術（Drip Irrigation），藉由地面鋪上一條黑色的管子，直接將水和肥料送到植物根部附近，而非大片的土壤，用水效率可達95%，省水也不會浪費肥料。配合供水管路極低的漏水率，盡量節省水源，自給自足。

　　除了發揮巧思的滴灌技術運用在灌溉植物，現任以色列駐台代表柯思畢（Omer Caspi）日前分享國家用水系統的創新應用：再生廢水已成為農民的主要水源，滿足了本國四成以上的灌溉需求，此外大型海水淡化廠的發展建設，可滿足本國八成的國內和工業用水需求。

　　上述關鍵議題，看似危機四伏，只要有心就有辦法，關鍵議題也是美好願景與夢想的驅動力。

美麗台灣，永續家園

　　國立教育廣播電台「美麗台灣 永續家園」節目，主持人朱玲訪問主講人簡又新（台灣永續能源研究基金會董事長），每集

分享聯合國發表的「永續發展目標」（Sustainable Development Goals, SDGs），SDGs 包含十七項世界急需解決的問題，如節約用水、氣候行動、保育海洋生態、消除貧窮、責任消費與生產、永續城鄉等，每項目標並延伸出五項行動，展開成為八十五件人人都可做到的事，稱為「美好生活目標」，日常落實 SDGs 永續發展目標。例如：節約用水，我可以怎麼做？

- 了解乾淨水資源的重要。
- 不將垃圾及有毒化學物質沖入下水道。
- 發現漏水立即報修。
- 刷牙、洗澡與打掃時節約用水。
- 捍衛全民擁有乾淨水資源與廁所的權利。

例如：氣候行動，我可以怎麼做？

- 理解面對氣候變遷的對策。
- 呼籲國家多使用再生能源。
- 多吃蔬果少吃肉。
- 多以走路與騎自行車代替開車。
- 要求領導者果斷採取氣候變遷對策。

議題讓人們聚焦，引起警醒關注

　　什麼社會議題能讓你關切美國萊豬、交通死亡事故、日本核食、空氣汙染？

　　什麼企業議題能讓你關切：公司治理、顧客關係、流程改造、員工關係？

　　「關鍵議題」更能蔓延發酵，例如萊豬開放進口、台灣交通死亡率高居不下、碳中和、死刑存廢、無核家園、地中海的難民逃亡求生、熱帶雨林被破壞等生態浩劫、電子廢棄物暴增等議題。下列議題聚焦且吸睛，喚起人們的良知與自覺：

● 呼應 ESG 趨勢，放眼未來覺察長遠的價值。

● 交通事故的「零死亡願景」。

● 手搖飲盛行每年用超過十五億個飲料杯，國人自備率僅一成。

● 全台一百五十個「食享冰箱」提倡惜食減少浪廢，每周共享千斤食物。

● 2020 年氣候變遷績效指標，台灣排名全球倒數第三。

（1）呼應 ESG 趨勢，共好永續經營

　　隨著消費者愈來愈重視環保議題及社會貢獻，更多企業開始投入環境友善的營造。《經理人》雜誌報導：7-ELEVEN 便利超商打造國內首間「永續標竿店型」，擁抱各種資源回收利用，包

括屋頂雨水回收引流至植栽、回收寶特瓶送回饋金、玄關兩扇門，減少空調外逸浪費，預估能幫單店年省超過一萬度電。企業與個人在方方面面融合綠色環保、節能減碳等設計元素，以呼應 ESG 趨勢。

ESG 是環境保護（environmental）、社會責任（social）、公司治理的（governance）的簡稱。旨在鼓勵企業主動向大眾揭露環境、社會、公司治理等三層面的資訊透明化，作為公司在永續經營方面的績效指標，供投資人參考。

《小王子》一書說：重要的東西是眼睛看不見的，用心才看的見。例如，老鷹為什麼不見了？為何台灣，變成亞洲唯一老鷹大量消失的國家？一個生物老師沈振中，為了找出答案，放棄安穩教職，投入人生最精華的二十三年，往來南北，翻山越嶺，追著老鷹跑。答案，竟然是在紅豆田裡。因為紅豆田裡使用過量的的農藥危機，導致老鼠、麻雀等禽鳥誤食，以致食物鏈終端的老鷹吃了這些小動物，也中毒身亡，終致數量銳減。《老鷹想飛》這部紀錄片，老鷹先生沈振中說：救老鷹，就是救自己。

這份心思感動了企業，當年全聯福利攜手紅豆農家，推出友善農家的「老鷹紅豆」。契作收購的紅豆，做成麵包銅鑼燒紅豆湯等。我們看到一群人，用愛來化解紅豆田中老鷹的危機，用點點滴滴的愛讓老鷹再次展翅高飛。包括全臺第一本《黑翅鳶尋家記》、《藏在紅豆裡的愛》繪本誕生、老鷹公主林惠珊與沈振中

一起走訪尋找黑鳶的巢穴。追隨著老鷹的蹤跡，也看見台灣環境的變遷，對於生態的巨大影響，分享環境保育的重要。

交通事故的「零死亡願景」

以交通死亡事故為例，台灣卅年來每年道路事故死亡人數，沒有一年低於九二一大地震的死亡人數 2,415 人，如換算成死亡率（每十萬人口），台灣交通事故死亡率是東亞第一，是英國、日本、荷蘭、瑞典、挪威、丹麥等國的四至六倍。2020 年還未結束時，台灣因交通事故死亡的人數，已高達一千人。趙家麟（中原大學景觀學系教授）為文呼籲政府應該訂定「零死亡願景（Vision Zero)」。

網路上也有一部澳洲的「零死亡願景」宣導短片，非常感人，是一段街頭的訪談。該短片訪問一名年男子，主持人問他說：「這個城市在去年有 213 人在道路事故中死亡，你覺得什麼數字是你比較可以接受的死亡數字？」

他猶豫地說，大約 70 人吧！但這時男子的身後開始走出一群人，這群人是已事先安排好的，都是受訪者的家人與親朋好友，緩緩走向受訪者。男子驚訝地說：「這是我家人啊」，此時他的小女兒與妻子也跑向前與他擁抱，主持人這時再問他：「那麼現在你覺得什麼數字，是你比較可以接受的死亡數字呢？」

此時男子有些哽咽地說：「零……應該是零。」

（2）關鍵議題三步驟陳述

　　台灣目前飽受空氣汙染威脅，環保署每日透過空氣品質指標值（AQI），告知當日空氣中臭氧（O3）、細懸浮微粒（PM2.5）、懸浮微粒（PM10）、一氧化碳（CO）、二氧化硫（SO2）及二氧化氮（NO2）濃度等數值。議題的隱患，如果持續視而不見、充耳不聞，知而不學，就會付出慘痛代價。如果能喚醒人們的良知與自覺，這些議題可以引領變革，構築夢想，創造改變。

　　關鍵議題陳述，三步驟如下：

　　步驟 1：標題陳述

　　步驟 2：背景／原因說明（可善用樹狀圖，描繪邏輯層次）

　　步驟 3：建議改善方法（可善用樹狀圖，描繪邏輯層次）

　　例如，中央電視台前著名女記者柴靜，有感於空氣污染日益嚴重，也早於 2015 年製作關於霧霾的紀錄片《穹頂之下》，她的深心悲願真令人激賞，並獲得廣大迴響。茲以「空汙霾害」關鍵議題，三步驟陳述如下：

　　步驟 1：標題陳述：《穹頂之下，能還北京藍天嗎？》

步驟 2：背景／原因說明

案例：「穹頂之下 --- 大陸空污霾害問題」

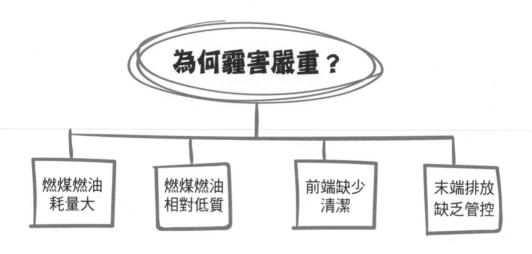

步驟 3：建議改善方法

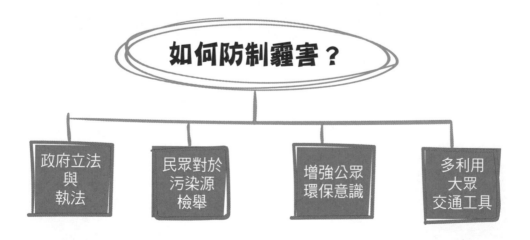

　　當議題牽涉到「真善美」的普世價值，人們才會有感。如果只將焦點放在數目字上，或許不容易有感。就像酒駕肇事、詐騙集團造成多少家庭的悲劇，雖重罰也是層出不窮，因為數字是抽象的，並且總覺得這種倒楣事，不會發生在自己或家人身上。議題的闡揚除了數據理性分析，還可以透過寓言故事或繪本表達，這種先說故事、再講道理的方式，更能打動人心。

　　以環境空汙，全球暖化而言：多年前一張北極熊為了找尋食物，泅泳多時，最後餓的皮包骨致死的照片，引起世人省思。而後高爾拍攝「不能說的秘密」、以及「大雨大雨一直下」動畫卡通等，都不斷呼籲問題的嚴重。

　　我特別偏愛「人雨人雨一直下」，這是法國知名動畫導演克雷米（Jacques-Remy Girerd）費時六年完成的動畫故事。原片名是「La Proph tie des grenouilles」，意即「小青蛙的預言」，選擇青蛙警告人類將發生大洪水。

（3）願景與夢想，是議題背後的驅動力

　　想要說服什麼？關鍵議題致勝！但「願景與夢想」才是議題背後的驅動力。例如這些激勵人心的關鍵字：美好家園、永續世界、高速成長、轉危為安、逆境突圍、突破翻轉、局勢創新、領導變革、轉型再造等。

　　一般會從社會發生的重大事件、報紙社論、論壇活動或專家

名人的觀點，不論你贊同與否，至少引起社會重視，可以彼此辯論交鋒，陳述觀點，激盪思維。就像梅迪奇效應一般，如：

● 打造零排碳的城市，沙烏地阿拉伯想甩掉對於原油的依賴。

● 美國國會遭攻擊是煽動暴亂、還是抵抗權的行使？

● 李家同教授 1 ／ 12 呼籲的：

我們應將傳統產業叫做關鍵性的產業（如：精密螺絲、紡織機製造、研磨技術、高功能化學品等）。

● 楊志良教授呼籲的：「進化中」的台灣大崩壞：提出台灣「四不一沒有」的危機：不婚、不育、不養、不活、年輕人沒有前景。

● 修房地產稅法，阻止炒房（學者提出：房屋稅與地價稅合一成為房地產稅法，並規定最少稅額，落實漲價歸公）。

●「橘世代 VIP」四十趁早、五十剛好，富活人生下半場。

（4）視而不見、充耳不聞，知而不學？

如果用心去感受，除了全球暖化、霾害空污議題，其他議題都值得我們關注，如：酒醉車禍肇事、毒品進入校園、詐騙手法層出不窮、黑心食品氾濫蔓、戰爭殺戮、功利主義教育、金融銀行違法超貸洗錢、憂鬱症等文明病、失業、貧窮、剝奪感、疏離、羞辱、或缺乏未來希望的生活環境等。上述的議題隱患，如果我們持續視而不見、充耳不聞，知而不學，屆時就會付出慘痛代價。

議題延伸發酵，引領變革

　　此空汙與全球暖化議題，也引發朝向低碳經濟的國際趨勢。多國政府與企業設下 2050 年實現碳中和的承諾，表明對抗全球氣候變遷的決心，如台積電，鴻海、台泥等。企業採購綠電，維持國際競爭力。過去企業採購綠電多半是為了達成企業社會責任（CSR），如今不用綠電可能面臨掉單的供應鏈壓力，被貼上不環保標籤。

　　社會議題引人入勝，企業也可發想重要議題。這些議題也可以引領變革。例如，麥可・韓默（Michael Hammer）早在 2003 年的著作《議題致勝：顧客不管但企業必須做對的九件事》中便曾提出九個議題：顧客、解決方案、有條有理的流程、創造力更需要協調與紀律、績效評量是、經理人靠影響力、物流社群、創造「互助供應商」、用虛擬整合延伸企業的疆界。如果能喚醒人們的良知與自覺，這些議題可以引領變革，構築夢想，創造改變。

風險代價與機會開創

企業創新不是一帖能在藥房買到的口服藥；它只是草藥，必須回家後，慢燉細熬才能見效。其他人可能照亮了變革的路，但沒人能替你走完這條路。變革這條路正在前面等著你。

～麥可・韓默（Michael Hammer）

CHAPTER 2

改變世界的簡報

感性激勵、理性論證

簡報，是一場專屬時刻的亮點秀；

是一種化繁為簡的藝術。

所有的外在呈現，

都是為了內在的說服。

運用資料、情感與故事引導，

讓觀眾成為故事中的英雄。

2.1

—

臨在感的魅力與實力—說話有重點、思考有邏輯、上台有自信

臨在感源於「對人有興趣」，藉著觀察、傾聽、互動親和力，當下全神貫注，自然而然流露真誠。

「傳道、授業、解惑」是專業講師的使命，也是一種生命的品味。十六年來，我深嚐與學員共同成長的酸甜苦辣，至終幻化為生命中美好的回憶。講台很小、舞台很大，「分享、合作、利他」是專業講師的動機，開啟你的美麗人生吧！

上面這段感觸，是我 2020 年受邀擔任「企業內部講師高階特訓認證班」，開場鼓勵學員的話。管理學者曾說：學習最有效的方法，就是你嘗試去教別人。因為去教導別人的過程，自己必須融會貫通，心領神會。

近年來企業體會到「人材＞人才＞人財」是競爭力的關鍵。

在高能力、高績效的要求之下，各種訓練課程或活動的成本與效益，都將被嚴格的評估，因此，內部講師的訓練自然更為重視。因為內部講師制度一旦建立，對於組織文化、知識傳承與管理、工作教導的精隨掌握，都有著更為深遠的影響。

在為期五周的課程中，學員來自於不同產業，我強化學員上台的技術，包括設定專精主題、邏輯架構擬定、觀點陳述說明、互動討論分享、摘要回饋引導等。我告訴學員「互動引導」就是一個「Let's tango」情境，講師展現魅力，彼此願意互相跳探戈，共舞投入的學習。

臨在感的魅力—專注當下，人際敏感

你想讓別人喜歡你、信任你、樂意與你共事，或是希望自己的意見獲得採用、提高做事效率，魅力都能讓你如願以償。魅力，將是影響你一生的關鍵能力。

講師的魅力是從心出發，出自真誠。魅力的背後，是實力在支撐，兩者將是影響你一生成長的關鍵能力。記得某次受邀擔任公部門的演講，台下坐著一百八十位學員，要進行一天六小時的講座，當天的講題是「職場人際關係與倫理」，實在備感壓力。為克服壓力，除了上台前積極準備，其餘就是上台的臨在感。臨

在感是「對人有興趣」的動機，藉著觀察、傾聽的互動親和力，當下全神貫注，自然而然流露真誠。

魅力：從心出發，出自真誠

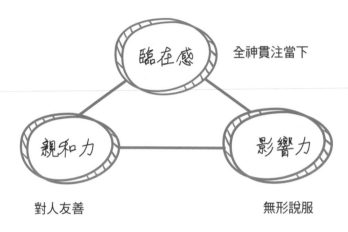

魅力的背後，是實力在支撐
兩者將是影響你一生的關鍵能力

　　講師引導的問與學員的答，彼此在磨合之間，培養信任感的默契，進而面對問題。 一旦信任建立後，比較容易產生同理心、也對於後面的解決方案會有更強烈的成就動機。回答的功力火侯在於累積實務的經驗案例與不斷閱讀充實。某次受邀於公部門演講。接待的張科長問我：想成為講師的特質是什麼？我回答：喜歡分享、勤於閱讀、善於解讀。這種特質，經年累月的實踐，會強化實力。

　　關於閱讀這方面，我順帶補充：講師喜歡買書、看書、借書和寫書。所以自家的書房、書店和圖書館，是我常待的地方，至今也出版了十二本書（繁簡體）。

　　此外，我喜歡記住學員的名字，並親切呼喚互動。因為世界上最美妙的聲音，是自己的名字被別人呼喚，有一種被關懷與注重的親切感覺。張曉風 1975 年的文章〈念你們的名字〉：「名字是天下父母滿懷熱望的刻痕，在萬千中國文字中，他們所找到的是 一兩個美麗、最醇厚的字眼，每一個名字都是一篇極短、質樸的祈禱！」。

　　我也祝福學員能珍惜自己的名字。

講師教學互動的四個技巧

「觸發學習」的四個技巧

觀察技巧：氣定神閒深呼吸，全景式的巡視觀察學員的表情與反應。其次觀察學員彼此間的互動與討論，找出意見領袖。進而敏感教室的學習情境氣氛，觀察學員口語與肢體動作之一致性，找出學習動機高與低的學員。

發問技巧：首先用一般型問句，請學員提出觀察的現象、問題或困境，例如：成人學習，有哪些的特性呢？下列為蒐集學員的討論意見：注意力集中不易維持長時間、想要參與討論與互動、期望學習有助於工作應用、希望得到尊重與肯定、問題導向並期望得到答案。

傾聽技巧：講師引導學員互動的積極傾聽，並覺察式傾聽弦外之音。自己也學習以開放態度傾聽挑戰意見，設身處地同理心傾聽。

專注技巧：講師自己先處理心情，再處理事情。對於學員而言，最好的專注在於課程能引發學員的自主成就動機和興趣。引導他們小組討論、表單習作、筆記摘記作為摘要。此外，學習條例式總結歸納如下：
● 條例式總結歸納案例：企業內部講師的效益。

- 發展企業價值觀與信念，提昇企業人才競爭力
- 藉由專業與經驗傳承，落實人才培育效能。
- 有效提高學員吸引力，激發學員學習意願。
- 學習體驗互動引導、活動設計手法操作。
- 建構知識管理，提升專注力、認同感、及行為改變。

活用「7：38：55 溝通法則」──內容、聲調、肢體語言

溝通即是「說」與「聽」，說話在於傳情達意。聽話在於理解與反思，過程好比即發出訊息（發出有效的訊息）和接收訊息（聽懂別人的話）。

公眾表達或溝通發出訊息時，須注意下列三點：

- **語言內容 words**：即說話者的用字遣詞、專業素養、結構觀點等。
- **聲調語態 tone of voice**：即講話的音調、抑揚頓挫、語氣語調等。
- **視覺呈現 body language**：指講話者的手勢、表情、眼神、微笑、儀態等。這就是我們在學習「人際溝通」技巧，可能聽過的「7：38：55 溝通法則」！

「7/38/55」定律：
「語言內容」和「非語言訊息」要相輔相成！

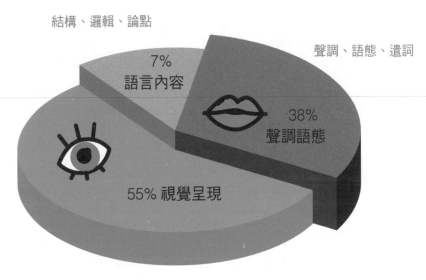

結構、邏輯、論點

聲調、語態、遣詞

7%
語言內容

38%
聲調語態

55% 視覺呈現

態度、形象、肢體語言

　　根據美國加州大學洛杉磯分校（UCLA）心理學家教授 Albert Mehrabian 的研究，認為在人與人之間的溝通互動中，在前五分鐘有三種影響力：7% 取決於談話的內容；38% 在於抑揚頓挫、聲調口氣等；卻有高達 55% 的比重取決於形象、肢體與表情。但這三

個比例數字，會因互動的時間而有所改變。可能肢體語言與聲調語調，會佔比較高的比例，隨後因講者更多的論證闡述，以及與聽者的詢答互動，內容結構的部分也可能攀升至50%。因此內容、聲調、肢體語言等要三者並重，相輔相成，才會有更好的效果喔！

肢體語言─展現自信、魅力

　　肢體語言是放鬆自我，輔助言語表達的利器。適當手勢、眼神與走動，讓肢體放鬆，並尋找一雙關懷的眼神。得宜的肢體語言可不斷吸引聽眾，展現關切聽眾的親和力。上場前的模擬預想，上場後的臨機應變，是展現自信的最大保證。

　　在我兼職主持廣播節目的兩年，深刻體會到聲音的情緒也可以流露情感。知名餐飲業的服務人員，教導員工發揮音調的音高、輕重和長短，展現圓潤、甜美或適切得宜的的方式。聲音還須配合眼神、肢體與聆聽；才能在各種情境，處之泰然。

　　現今拜數位網路之賜，類似 TED 的演講平台隨處可見，其之所以精彩，他們並非都是簡報達人，主因是傳達的都是精彩『理念』（idea）。每個人都有理念可以與人分享，如果溝通宣導得宜，你的理念就足以改變他人看待世界的方式和將來的作為。「分享的喜悅是加倍的快樂，分擔的痛苦是減半的憂愁」，這就是改變

世界的簡報或溝通力量。

　　此外，表現真實的自我，敞開心胸。說話不是天賦，而是可改善的技巧！首先要燃起心中想要分享的熊熊火焰：「擁抱想分享的熱情，忘掉講不好的恐懼」，有時要營造自我感覺良好的心態，自然而然地運用手勢與走位，告訴自己放輕鬆，台下聽眾自然輕鬆。其次，把演講的結構想成一顆樹，演講主軸是樹幹，分岔的旁枝都代表核心概念的延展。再善用比喻將抽象難懂的概念轉化成簡單、但觀念相近的例子解釋。最後如能穿插個人經歷的小故事，總能開啟聽者的感性情懷。

魅力 VS. 實力

講師的魅力是從心出發，出自真誠。魅力的背後，是實力在支撐，兩者將是影響你一生成長的關鍵能力。

2.2

▬

簡報的「架構」：單元層次、邏輯明確、證據佐證

差勁的簡報，可以扼殺一宗交易；而威力強大的簡報，則能帶來巨大的說服效果。

～傑瑞・魏斯曼

陳畊仲醫師在 2014 TEDxTaipei 的精彩演講，主題是〈拯救台灣沈默中（沈沒）的醫療：有你關懷，台灣醫療不沉默〉。其中「論證」架構清晰，統計數據佐證，是一個打動人心的簡報，高度推薦大家觀看。

他開場即神情嚴肅地詢問觀眾：「有小孩及未來打算生小孩的請舉手？」他回答：這些舉手的人，將有一半的人要生小孩卻找不到婦產科醫生，或小孩生病時竟找不到小兒科醫生治病。他說這不是危言聳聽，緊接著，他再次攤出數據—2012 年的調查：

全台鄉鎮只有 40% 醫生接生；東部比例更低，只有 16%。

　　最後，他再舉《天下》雜誌提供的報導數據—全台 368 鄉鎮，嚴重性缺乏醫師：有 66% 找不到急診科醫師／有 47% 找不到外科醫師；有 43% 找不到婦產科醫師／有 36% 找不到小兒科醫師。

　　然後，他透過簡報的三個架構，分別論述：

　　為什麼 why so ？／會怎樣 what will happen ？／怎麼辦 how to do ？

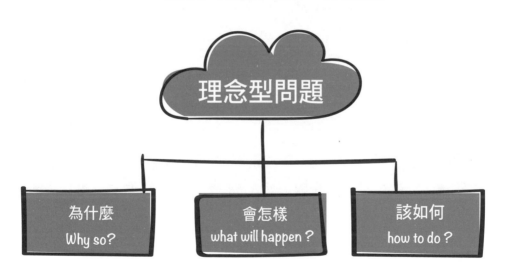

理念型（願景）問題 --- 簡報架構

首先，他舉出廉價醫療給付的問題：

　　心臟按摩（給付 500 元，要做五個循環共六十五次）對比市面腳底按摩（收費 755 元）、氣管插管（給付 464 元，每 5 秒鐘

就要救一條人命）與對比市面通水管（收費 1,300 元）。於是他歸結：目前健保給付是：要快、要好、要便宜，這是不可能的（勇於提出獨特觀點）。

　　他再提及「台灣醫師『犯罪率』全世界最高 ...... 醫院暴力層出不窮、外科醫師工時世界第一等扭曲的狀況下，擔憂未來台灣有愈來愈多的醫療難民。」最後，他歸結出四個要素，分別是：不合理的健保給付制度、層出不窮的醫療糾紛、天價賠償、醫院暴力。於是，他召集夥伴走出醫院，將事實傳達給民眾，自己嘗試拯救崩壞中的台灣醫療。並提出幾點呼籲：

● 注重自己的健康，珍惜醫療資源。

● 向你的醫生與護理師關懷體諒。

● 你一句簡單的謝謝，可以拯救一顆即將逝去的醫心。

● 要救回理想的醫療環境，只有從你我不再保持沉默開始。

● 友善的醫病關係，才能讓工作的醫療團隊得到喘息，追求更好的醫療環境。

　　結語，他語重心長地說：「大家都說台灣是鬼島，但叫囂的都是鬼，更多的是沉默的天使，只是天使選擇低頭不說話，天使選擇沉默不語，但天使還有翅膀，我們還有飛的能力。大家都是懷抱著夢想與熱情的天使，請揮動翅膀，大家一起來努力。」

簡報基本論證架構—主題、觀點、論證

簡報（Presentation）是一種化繁為簡的藝術。在限制的時間中，針對特定的議題，將訊息（觀點或亮點）正確地傳播、告知或影響他人。

公眾簡報就是一場精彩絕倫的演說秀，包括：企劃提案、撰文、教學設計、議題說服、顧客溝通等主題。掌握：觀眾為王的串場力、傳達理念的訊息力、解決方案的架構力，讓你成為專業化的故事力簡報達人。

致勝簡報的關鍵：
主題 / 架構 / 觀點

- 構思問題定 主題
- 縱向 架構 理邏輯
- 橫向論證講 觀點
- 生動表達 精彩秀

案例：敘述性簡報 v.s. 說服性簡報

分享知識
訊息或業務
綜合報告

說服聽眾認同
並採取行動
有推銷目的性

例如：
週報／月報
的制式格式或
參照不同型態的
流程架構

例如：
為什麼？
會如何？
怎麼辦？

　　簡報概分為「敘述型簡報」與「說服型簡報」二大類，之後再細分出以下四種簡單易學的簡報邏輯架構：

- 發生什麼、為什麼、該如何？
- 秘密、答案。
- 過去、現在、未來。
- 公司、競爭者、顧客。

　　「說服型簡報」正反交鋒，尤重觀點的闡釋。歸結致勝簡報的關鍵：主題、架構、觀點、論證。主題獨特、架構清晰、觀點吸睛、論證明確。

簡報架構 -- 金字塔／樹狀圖展開

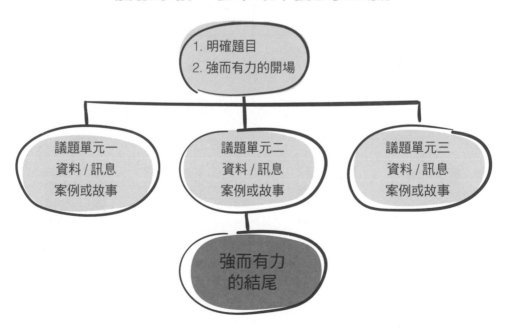

　　麥肯錫顧問公司的邏輯基本結構，是以結論為頂點，勾勒出問題與結論的因果關係（如圖）。結論就是問題的答案，再以縱向原則：上而下（why so？）、下而上（so what？）彼此勾稽。橫向原則：彼此獨立互無遺漏（MECE：mutually exclusive、collectively exhaustive）

案例：邏輯思考

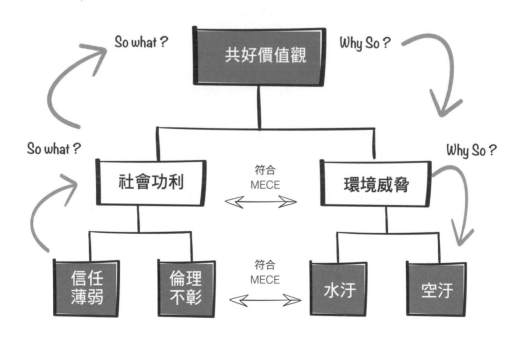

金蘋果思維

簡報的致勝關鍵：架構、觀點、論證

致勝簡報的關鍵：構思問題定主題、感性情懷故事力、
縱向架構理邏輯、橫向單元擺論證、生動表達精彩秀。

2.3

━━

簡報的「觀點」：牛肉在哪裡？
提出觀點者得天下

　　觀點，就像「豆腐小白菜、各人心中愛」─人云亦云、各自解讀。然而「受歡迎，並不代表受尊敬」，背後隱藏的是「價值觀」……

　　觀點，是否能讓我們邁向更好、共好的明天呢？

　　「牛肉在哪裡？（Where's the beef？）」這句話源自溫蒂漢堡 Wendy's 於 1984 年的一支電視廣告（TV commercial）。影片裡，三位老太太來到一家漢堡店櫃檯前，點了一份牛肉漢堡，沒想到送上來的漢堡雖然又大又厚，但牛肉卻小得可憐。視力不佳的老婦人，因為看不見尺寸微小的牛肉，便不斷喊著 Where's the beef？（牛肉在哪裡？）。

　　提觀點者得天下。該廣告諷刺競爭對手的牛肉餡斤兩不足，對比凸顯自家產品的豐富。雖然劇情中老婦人誇張的表情和動作，令人莞爾，但「牛肉在哪裡？」引起消費者強烈的迴響，並大大地提高了溫蒂漢堡的知名度，還獲得 Clio 廣告大獎。

觀點激盪：集思廣益，標新立異

　　觀點是聞所未聞、前所未見的獨特想法。也就是一般說的牛肉在哪裡？簡報時會有幾種觀點彼此激盪：簡報者、原作者、現場聽眾、社會普遍流傳、專家學者等。觀點透過架構，展現清晰邏輯。會說是因為會想，想是思考簡報的「架構」與「觀點」。

　　2015 年中國大陸柴靜的節目《穹頂之下—能還北京藍天嗎？》或是近來的開放的美國萊豬事件、之前社會討論的健保支出持續惡化、核能存廢、廢死議題等，都需觀點的激辯。

　　說服型簡報提案，設計引人入勝的開場，接著提出一個問題危機（挑戰聽者的痛點），進而舉出詳實的數據佐證。此外，可對於提出的方案進行 PMI 分析（Plus, Minus and Interesting：利、弊與有趣面）。同時辯證反方立場觀點，可強化信心，最後歸結明確的主張與行動訴求。

案例：「政府如何因應健保支出持續惡化」

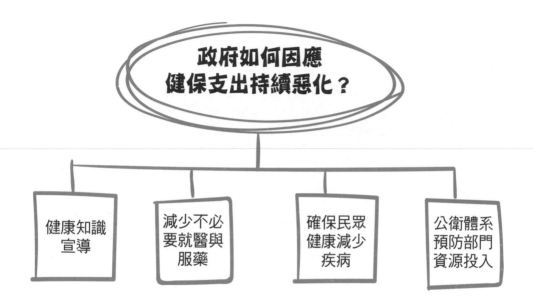

觀點的創新思考法──活用「六頂思考帽」

「六頂思考帽」（Six Thinking hats）是英國學者愛德華‧狄波諾（Edward de Bono）的一項使用廣、受歡迎的思維訓練模式。他以六種顏色帽子，代表六種思考模式的技法，兼具理性與感性，協助團隊作出最佳判斷或選擇。接著再依次從不同的面向進行單

一且充分的考量，如風險代價、數字證據、感性直覺、冒險創新等特質來解決問題，使得思考效果更全面、完善，讓思考過程簡單不混亂。

● 白帽：事實與資訊（客觀認清事實）。

● 綠帽：創新與冒險（創造性思考）。

● 黃帽：積極與樂觀（樂觀的正面思考）。

● 黑帽：邏輯與批判（批判思考）。

● 紅帽：直覺與感情（感性情懷的思考）。

● 藍帽：系統與控制（俯瞰整體，加以整合）。

　　案例：以前述台灣現階段面臨旱象缺水問題，試著用《六頂思考帽》觀點練習，輪流扮演六種思考角度。思考題目：「解決旱象缺水問題的長治久安之道」。

● 白帽：事實（台灣面臨 56 年大旱，水情拉警報，超過五成水庫即將見底）

台灣人均降雨量是世界平均 2.6 倍，水價約為成本 1 ／ 3，水費是全球倒數第四低。2020 年全台每人每日平均生活用水量已達 289 公升，全年用水量 23.6 億噸

● 綠帽：希望（希望能宣導節約用水、合理提升水價、清除水庫淤泥、節能環保用水創意、滯洪池思考、鑿井、回收污水、興建水壩）。

● 黃帽：樂觀（旱季不缺水、雨季不淹水）。

● 黑帽：悲觀（水質、水價、水污染、水浪費的嚴重性）。

● 紅帽：直覺（憂心但不悲觀，積極但更謹慎）。

● 藍帽：聚焦（宣導節約用水、適度反應水價、清除水庫淤泥、回收污水）。

有效運用六頂思考帽的觀點思維，有助於將危機變為轉機。

「觀眾為王」的影響力─ A 點帶到 B 點

公眾簡報也是一場精彩絕倫的演說秀，挑動聽者的感性情懷，進而透過理性訴求，達到溝通說服的目的。溝通過程中發揮以「觀眾為王」的臨在感，透過清晰的邏輯架構與訊息論證，將觀眾從 A 點（簡報前的認知）帶到 B 點（簡報後的認同）。

至於簡報製作的步驟則有：

●吸睛的標題／副標（了解簡報的聽眾背景）。

●思考簡報內容（天馬行空發想用便利貼）。

●設計單元邏輯架構（收斂過程就是歸納分析）。

●設計開場／串場技巧：問題、故事、格言金句、名人加持。

●陳述觀點─展開內容 3*3 技巧─牛肉在哪裡。

●精簡結尾。

案例：智慧瘦身　魅力人生

飲食健康　作息規律　運動習慣　定期健檢　要有恆心

生活健康　定期健檢　恆心決心

1. 飲食：地中海疏食
2. 作息：早睡早起
3. 運動：桌球肌力與健走

1. 血壓：每周量血壓
2. 保健：每月吃魚油
3. 檢查：每年健康檢查

1. 日記：記錄心情點滴
2. 社彼：此激勵
3. 習慣：時間管理

從 A 點到 B 點 -- 抓住你的聽眾

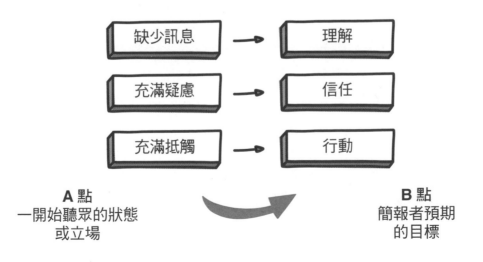

缺少訊息　→　理解

充滿疑慮　→　信任

充滿抵觸　→　行動

A 點
一開始聽眾的狀態
或立場

B 點
簡報者預期
的目標

牛肉在哪裡？觀點、觀點、觀點！

近來，含有萊克多巴胺的豬肉進口，這個瘦肉精議題炒得沸沸揚揚。社會上有正反兩種觀點在辯論：

觀點1：萊克多巴胺如果只為了讓廠商利潤更好，而使用在飼養的動物身上，並不是為了預防生病感染的用途，這個動機善良嗎？必要嗎？廠商為了利潤給動物施打，動物所造成的痛苦，人道嗎？歐美國的民主制度，其實真正的老闆是資本主義者，國際或黨派政治鬥爭，養殖者的利益計算，這些都應該是人民看清楚的重點。問一下你自己，你自己敢吃嗎？飼養者敢吃嗎？該不該使用這個東西？使用的目的是什麼？答案一清二楚！

觀點2：為了雙邊貿易的互惠，將擴大開放美國豬肉進口。官員表示含有萊克多巴胺[1]豬在食安上沒有風險，且願意以身作則帶頭吃，但也表示他個人比較喜歡台灣豬肉。不過，回到客觀科學證據上來看，開放萊劑豬進口就等於罔顧人民健康？對國內豬農來說真的造成嚴重影響嗎？有關部會將設置百億基金因應產業衝擊。

請記住：魅力口才表達的幾個關鍵─說話有重點、思考有邏輯、上台有自信。會說是因為會想（思考），因此故事潤滑、數

---

1 萊克多巴胺是一種 β 促效劑藥物，用以助長豬、牛、火雞生出瘦肉，減少體脂肪。是瘦肉精中最常見的一種，其肉品殘留毒性，是否會對人類造成中毒或短期危害，尚存在許多爭議

據佐證與邏輯思維是說服的三大支柱。流暢的口才表達可以應用在人際交流、業務拜訪、專題簡報、群眾募資、向上溝通、向下管理等。最後再呼應先前談論到的致勝簡報的關鍵要素：「觀點」，牛肉在哪裡？架構好像人的軀體骨幹，有了架構還要填充血肉，聽者才能感到生氣蓬勃。此外，可以搭配幾個故事隱喻，收畫龍點睛之效。最後，還要有論證分析能力。論證分析可以透過樹狀圖，展現邏輯思考與分析能力。

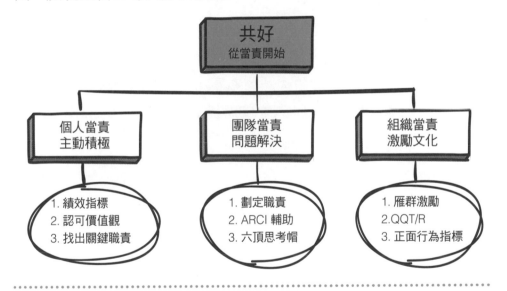

會說，是因為會想（思考）

金蘋果思維

觀點是聞所未聞、前所未見一提出問題與對策。因此，數據佐證、邏輯思維與故事潤滑，正是支撐觀點的三大支柱。

2.4

簡報的「SCQA 故事鋪陳」：釐清因果關係，問題解決的過程

> 當你在銷售產品之前，先懂得你所擁有的東西對別人有什麼價值，那麼原本平淡無奇的產品，也可能跟金蘋果一樣有價值。
>
> ～《金蘋果銷售魔法》凱西・愛倫森（Kathy Aaronson）

一個八歲不甘於寂寞的美國小女孩凱西，懂得利用五塊招牌當作「路障」，在路邊叫賣奇形怪狀、顏色不均勻、被自家農場丟棄的蔬果，讓經過的客人停下來。凱西天真、自信滿滿的與顧客說著這些蔬果背後的有趣故事，讓那些原本平淡無奇，甚至是歪七扭八的蔬菜，因故事而變得有意思。

「說故事」就好像這些路障，讓聽的人慢下來，進入故事的情境與世界裡。當她在銷售一項產品時，凱西懂得用「說故事」

來包裝，這五塊招牌傳遞著下面的意義：

● 引起旁人（顧客）注意。

● 讓他們慢下來。

● 引發他們的興趣。

● 讓他們考慮我賣的東西。

● 承諾愉快的體驗。

　　她開始了解與人建立有意義的關係。凱西十八歲到紐約工作，應徵當時的時尚雜誌《大都會雜誌》廣告業務，她決定用一種與眾不同、別出心裁的方式，爭取面試機會。

　　她再次想到童年時利用「路障」的方法。她到 Dunhill 雪茄店買了四支「it's a girl」品牌的雪茄，用金色彩帶及黑色漆皮盒包裝好後，附上一張便條紙與卡片，輪流四天內寄出，一次寄送一盒給《大都會雜誌》的發行人。而這四天分別寫著：「it's a girl、她是大都會的女孩、她的名字叫凱西・艾倫森。」最後，她得到了工作，同時期有大約兩百人與她一同競爭面試。

故事—簡報的靈魂

　　簡報是一種化繁為簡的藝術；而故事，是簡報的靈魂，平衡情感與分析的訴求。故事，讓聽者輕鬆走入情境的畫面，促動

「視、聽、觸、嗅、味」五感神經。讓聽者得以在文字、數據和圖表的理性訴求中，得到感性情懷的抒發，達到溝通說服的目的。請記住：理性＋感性＋說服，讓你的話不再只是陳述事實，而是徹底撼動人心！

　　至於明確簡報溝通的對象，則針對聆聽簡報的聽眾與場合有所不同，可再細分出以下幾種情境：對內業務／各部門月報、升遷報告、應徵招募面談、培訓心得簡報、對外業務銷售簡報（公司簡介／產品銷售等）、群眾募資／理念推廣（全球暖化、節能

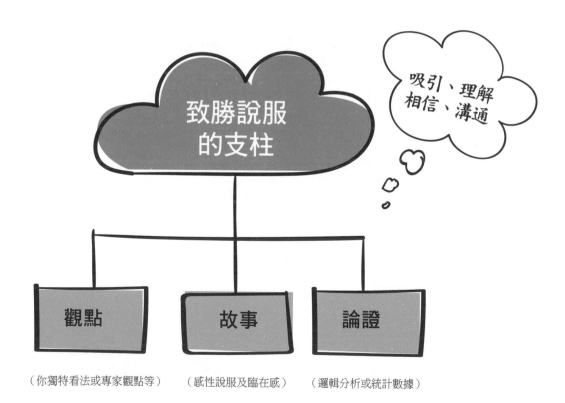

（你獨特看法或專家觀點等）　　（感性說服及臨在感）　　（邏輯分析或統計數據）

減碳、組織變革）。

　　TED 平台動人的簡報技巧，演說者在關鍵十八分鐘內都需要運用兩三個故事，挑動聽者的感性情懷，進而透過理性訴求，達到溝通說服的目的。故事扮演潤滑的角色，同時促動並豐富聽者的感性情懷。例如，黑嘉嘉、阿嘉鮮乳坊的龔建嘉等。

SQCA ─解決方案的故事力

　　麥肯錫顧問公司發展出來一種結構化表達工具：SCQA 架構。幫助我們在很多溝通場合，比如演講、簡報、寫作時，以事件的過程，表達觀點。如果能在事件中彰顯情感的力量，就是運用故事的原型：問題解決的過程，有衝突的轉折，有豁然的出路。

　　在此容我舉個例子來說明 SCQA 架構：

S ／情境（situation）：某員工要向主管匯報工作，非常緊張，連夜準備四十多頁簡報。

C ／衝突（complication）：可是剛講到第三頁，沒有抓到重點，主管不耐煩了，打斷說：「不要講簡報了，直接說重點」該員工當場就傻了，杵在那裡，很尷尬。

Q ／問題（question）：為什麼會這樣？主管不滿意，是因為報告沒有重點嗎？還是主管有偏見？ 或者很難應付呢？ 員工滿腹委屈，覺得自己很努力。

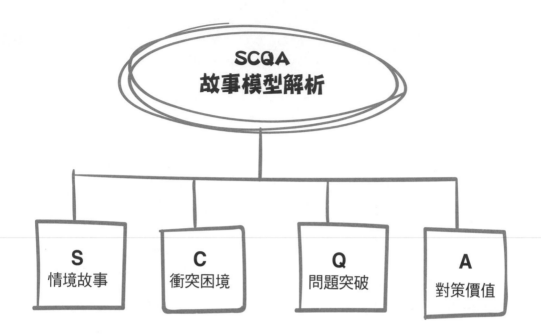

S，情境（situation）；C，衝突（complication）；Q，問題（question）；A，答案（answer）。

A ／答案（answer）：其實主管不滿意，原來員工沒有清晰的架構與邏輯表達，以致在混亂陳述中，抓不到重點。主管就準備安排張老師替員工進行簡報訓練。

　　而若善用 SCQA 架構，調整順序，其實可以有三種不同的表現方式：

循序漸進式（SCQA）：情境→衝突→問題→答案

S：「近年來，5G ／ AI ／ VR 等科技高速發展，人類擁有前所未

有的生產力與便利生活。」

C：「但今天，科技發展之餘，心靈卻日益空虛、貧乏，人際疏離冷漠。」

Q：這難道不是我們面臨精神與心靈的困境嗎？怎麼辦？

A：「針對今天面臨的人際疏離困境，本課程『正念減壓與情緒管理』將分享心靈紓壓的方式，建立正面穩固的人際關係，迎向共好。」

開門見山式（ASCQ）：答案→情境→衝突→問題

A：「針對今天面臨的人際疏離困境，本課程 "正念減壓與情緒管理" 將分享心靈紓壓的方式，建立正面穩固的人際關係，迎向共好。」

S：「近年來，5G／AI／VR 等科技高速發展，人類擁有前所未有的生產力與便利生活。」

C：「但今天，科技發展之餘，心靈卻日益空虛、貧乏，人際疏離冷漠。」

Q：這難道不是我們面臨精神與心靈的困境嗎？怎麼辦？

突顯信心式（QSCA）：問題→情境→衝突→答案

Q：今日我們面臨的最大困境是精神與心靈的困境，該怎麼辦呢？

S：「近年來，5G ／ AI ／ VR 等科技高速發展，人類擁有前所未有的生產力與便利生活。」

C：「但今天，科技發展之餘，心靈卻日益空虛、貧乏，人際疏離冷漠。」

A：「針對今天面臨的人際疏離困境，本課程『正念減壓與情緒管理』將分享心靈紓壓的方式，建立正面穩固的人際關係，迎向共好。」

魅力簡報─講台很小，舞台很大

明確瞭解溝通對象的目標需求，學習溝通表達的觀點與邏輯思考。學習先說故事，再講道理的溝通藝術；聚焦理順結構，讓聽眾滿載而歸；文字說話、數字歌唱、賦予演說生命。

CHAPTER 3

詩情雅意的魅力

文字挑動，狂想奔騰

總是選擇安全妥當這一條路，
而不敢興風作浪搖晃一下自己的船。
還是要自由地說出你所感和所想；
自由地根據自己的想法去冒險呢？

～心理學家／維琴尼亞 ‧ 薩提爾（Virginia Satir）

3.1

▬

快寫慢想的自由書寫術──
心靈遣懷的祕密花園

自由書寫（free writing）隨意寫，一直寫、然後繼續書寫，直到突破抗拒之心、憤怒之心、恐懼之心與憂傷之心。此時此處，我們會與自己內在那頭輕盈、脆弱、自在的小怪獸相遇，牠，正是創意、靈感與洞察之所在。

～作家／馬克・李維（Mark Levy）

音樂神遊也是一種快樂的心流。總喜愛邊寫稿邊聽西村由紀江（Yukie Nishimura）的鋼琴，是一種心靈陪伴。即將迎來 2021 的春分，有時總想要與人分享事情與心情，可在這紛亂的世界，忙碌的人們，少有人願意停下腳步，聽你的心語。有時想要找一個人，都是奢望。這不驗證了「相知滿天下，知音有幾人？」

當寂寞心語無人傾訴，古人滿懂得獨上高樓、望盡天涯路；或寄情山水賦予詩詞，或舉杯邀明月，對影成三人。我則會彈著

鋼琴輕吟歌曲；或中庭漫步；或鑽進我的祕密花園日記本，一股
腦兒地寫心情。唯有它，靜靜陪伴我，最好的密友。等到哪天遇
到知心好友，我就展開雙臂，歡迎光臨我的祕密花園：「花徑不
曾緣客掃，蓬門今始為君開」，盡享「寒夜客來茶當酒，竹爐湯
沸火初紅；尋常一般窗前月，才有梅花便不同」的樂趣。

自由書寫─多看、多想與多寫

讓美國哈佛學生一生受益的寫作課程，有個「O.R.E.」寫作
法則─意見（Opinion）、理由（Reason）」證明（Example），
運用這項工具，可輕鬆駕馭商業文章。但「自由書寫」（free
writing）則奔放不羈，是筆隨心走，「第一意念書寫」隨手抒發，
讓思緒與情感奔放，激發靈光乍現的思維與點子。自由書寫的過
程不增潤、不刪修、不停筆，因為書寫的本身就可激發靈感。

我曾經主持廣播節目「今夜，我們來說故事」，訪問國內的
畫前輩陳世昌老師。陳老師在宏廣公司擔任動畫創作，因為手繪
技巧扎實，多次與好萊塢大師一起合作。2003 年開始進入學界，
教導大學生動畫技巧。我印象深刻的是他提到兩件事情：

台灣教育界的動畫師資，大多不太擅長手繪，只是教觀念和
理論，學生做的動畫都說是藝術作品，那麼即使得了獎也可能找

不到工作，所以學生要能吃苦耐勞，培養好萊塢「笨」的哲理，用做苦工的態度，努力的作好每一個作業，努力打好基礎，才是成功之道。

我要求學生在創作動畫作業之前，能夠有一段時間多接觸大自然，放空發呆也好，看看大自然的花鳥蟲魚。而不是關在房間裡閉門造車，隨便完成作業，草草交差了事。

最後，陳老師語重心長的結論：那我們的優勢在哪裡？就是我們要比人家更努力、比人家更堅持、比別人更要求、比人家更細心、比別人更用心！

我寫故我在—書寫力、聯想力與故事力

陳老師鼓勵學生多接觸大自然，我聽了心有所感。我總愛避開人潮，漫步在碧潭河邊（暱稱自家的後花園），時而看見黑鳶盤旋天空，想起古人「鳶飛戾天者，望峰息心；經綸世務者，窺谷忘返」，此時心境頓時怡然自得。

我們花了太多時間「看」訊息，卻花了太少時間「想」事情、「寫」心情。如果「看」了太多海潮般的訊息，卻不能轉換成我們獨特的思想體系，或真情至性的抒懷，那麼人生可能愈趨乏味，

只能競逐物慾填補心靈空虛。

　　科學家笛卡爾：我思故我在，我則認為：我思、我寫故我在。因為我思，還停在腦海塑形，只有我寫，才有文字裡的靈魂浮現。

　　相信許多行銷企劃人員、創意工作者、主管幹部在發想構思、提案、策略與會議時，都曾腸枯思竭、腹笥甚窘，這是因未能養成思考訓練，致胸無點墨或靈感，口語表達未盡人意。「自由書寫」的習慣，是打造企劃提案、故事行銷、簡報架構時，讓思緒萬馬奔騰、行雲流水、言之有物的基本功。

　　藉由「書寫、思考、閱讀、分享」的循環圈，無形中提升「書寫力、聯想力與故事力」，讓你與深層的自我相遇，啟動高感性的情懷。

好奇眼光、豐富情感、勤於紀錄

　　多年前至柿子觀光園區遊玩，捕捉當下畫面，而後完成「文與圖」短文，刊載於報紙副刊

　　12 月初冬，好久沒有探出頭來的太陽公公，陪伴我們來到柿餅觀光農場校外教學。看著前方導覽阿姨一邊手舞足蹈地跳著柿餅舞，一邊講解柿餅製作過程。她說，首先要感謝「九降風」哥哥幫忙吹一吹；柿子採下來後先削皮、用龍眼木炭烤一烤；接著

享受日光浴，最後再用指腹幫柿子按摩 SPA 一下，讓柿子有個可愛的小酒窩，順便將水分擠出來。

　　整齊排隊的橙黃色牛心柿，正享受著日光浴，再看看藍天白雲，我們的心也跟著飛揚起來了。這樣經過七至九天後，就變成幸福美味的柿餅了！

　　導覽阿姨也祝福我們長大以後，都能「柿柿」如意、心想「柿」成！

自由書寫的效益

開啟心靈對話，才能聆聽內心聲音，培養感性情懷。書寫時釋放思考，激發靈感，延伸無限創意。不僅聯想法擴大思考範疇，更能找回起初的自我，釐清人生方向。

3.2

▬

精準文案力，傳達真有力─
挖掘感動，切中要點

　　貼近生活真實感，邀請消費者參與體驗，讓平凡中的不平凡，
創造出朗朗上口的群眾記憶。

　　某天，朋友傳來 myfone 行動創作獎的文案，我看完後不禁莞
爾：

● 政府有燃煤之急，人民有肺腑之炎。

● 超前的，都是部屬。

● 人生得疫須禁歡，（改編自唐代詩人李白〈將進酒〉」名句「人
　 生得意須盡歡」）。

● 口無遮，攔！

　　常羨慕神來一筆的「神文案」，多麼觸動人心。簡單的文字，

只要賦予真情就能感到溫馨。例如：

● 我看見疼痛，你重現笑容─擊退兒虐，我 OK 你一起─這是
　GRANDI 格帝集團與家扶基金會，聯手發起社群挑戰，也善盡
　CSR 企業社會責任。

● 家扶基金會：打開家庭，讓愛住進來（做孩子的守門員，我們能
　給的是幫助孩子重拾勇氣，繼續前進！）

● 2020 年疫情間，全球許多人被隔離，連鎖咖啡品牌星巴克在社
　群平台寫下：「好事仍持續發生，本來我們每天都看到工作夥伴
　的額外付出，但在這樣的時期，這些小小的善行，顯得格外耀
　眼。」

　　再看看為了鼓勵生育，內政部重金徵求「催生」標題，得獎
的幾個案例：

● 孩子─是我們最好的傳家寶！

● 幸福很簡單，寶貝一二三！

● 「孩」好，有你！

　　精彩文句，比比皆是……

文案金句，今昔不同—沒有必殺技，只有千年功

如何寫出洞察人心的文案，培養這非凡的靈感，需透過日常積累的功夫：多看、多想與多寫。參考下面的案例：

- 每個人都需要有一點秘密；有些秘密放在這裡就好。「放心、放肆、做自己」。
- 和成牌衛浴廣告「秘密篇」：強調浴廁是個人的私密獨特空間，可以坦然面對自己。
- UCC Coffee：沒有人能讓你放棄夢想，你自己想想就會放棄！
- 麥當勞：好價格，吃好早餐！
- New Balance：每一步都算數！
- 支付寶：每一筆都是在乎！

《動腦》雜誌訪問 GRANDI 格帝集團行銷長，分享經典廣告文案必要條件：

- 傳遞品牌精神：如 Just do it、Keeping walking
- 關懷性：上述兒虐議題的呼籲。
- 時代感：觀察世事脈動與社會議題。
- 借力使力，扣合時事：有趣幽默、好玩，但不要違反善良風俗，踩到道德底線。

神文案—探索與創意的人生

我在講授「神文案的創意與寫作 --- 創意你的人生」課程，提出的觀點：

● 神文案，是一句真正搔到消費者心裡的癢處，並能止癢。

● 神文案，是一幅真正說服消費者心理的藍圖。

洞悉目標客戶，寫出貼心的神文案，促進商品與服務熱銷，其秘訣有三：

首先，洞悉顧客的心理：壓力、慾望、行動。

其二，觀察、思考與聯想，打造千錘百鍊的書寫練習。

再三，虛實整合的行銷策略，蒐集顧客體驗的心得。

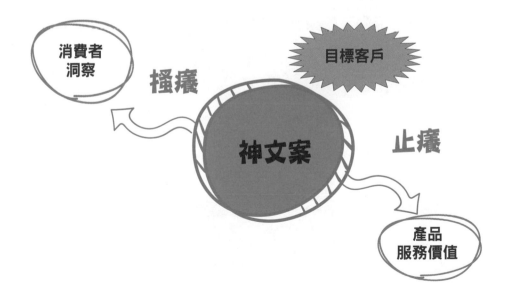

神文案靈感哪裡來？

　　文案靈感哪裡來？就是一場腦力激盪的靈感泉湧。首先，我引導學員用九宮格，有下列幾個方向可以發想：

詩詞歌賦	社會現象：憂鬱症、少子化、全球暖化	養成閱讀習慣：書名
與顧客交談：傾聽與詢問力	聽故事：有心得、有感想	觀察周遭、環境變化
產業競爭與典範學習	痛苦挫敗的體悟	自由書寫

文案的策略結構：

　　文案打動力，寫出真利益 文案有情感，品牌更有感。而文案的策略結構包含三部分：

- 口號 Slogan（聳動、感動或吸睛易懂、易記憶）。
- 內容（產品功能／服務特點／理念／組織）。
- 利益（帶給消費者的價值與好處）。

案例一：

Slogan：睡前和最親愛的人說說話─席夢思
內容：（產品／服務／理念／組織） （1）三環鋼弦獨立筒；（2）負離子；（3）涼感設計系統
利益：（止癢）美好睡眠，活力充電

案例二：神文案的銷售力

Slogan：文案打動力，寫出真利益；文案有情感，品牌更有

內容：（獨特賣點）
（1）洞悉顧客的心理：壓力、慾望、行動
（2）觀察、思考與聯想，打造千錘百鍊的書寫練習
（3）故事行銷塑造的感性情懷

利益：
描繪一幅真正說服消費者心理的藍圖。喚醒商品的靈魂，讓商品具有生命。
寫出貼心的神文案，促進商品與服務熱銷。

洞察消費者內心宇宙，找出文案受眾─目標客戶

　　金百利克拉克在 2018 年瞄準上班族群，推廣其「乾＋濕式衛生紙更乾淨」的概念，除在辦公大樓廁所中放置產品讓消費者體驗，更在社群平台推出二十五篇「職場屎事多，療癒連載中」療癒新詩、圖文連載。

　　碎片化時代，神文案是洞察消費者內心宇宙的藍圖（身分／價值觀認同）。目標顧客是指產品或者服務的主力對象，認真分析目標顧客需求的特點和變化趨勢。文案受眾，在找出相信的觀眾（目標顧客）。

案例 1：（神文案 課程對象）的目標客戶？

● 廣告文案、臉書小編、行銷企畫、網拍業主、提案
● 廣告人、行銷、電商業者、臉書小編、部落客、網站編輯
● 電商廣告、粉絲團、LINE 群組、電子報、DM 文宣

案例 2：（XXX 購物網）描繪你的目標客戶？

　　主要客層平均年齡 42 歲、女性為主，不太在意品牌，但很重視 CP 值，所以會幫他們選品，選到好且便宜的商品。

找出 USP 獨特賣點（unique selling proposition）—文案起點，產品賣點

　　商品賣點是因為獨特，而更被喜歡。神文案喚醒商品的靈魂，讓商品具有生命。例如：

● 農夫山泉：農夫山泉有點甜
● LYD 立野設計企業理念：「心存感謝、務實誠信、實踐環保、創造價值」
● 永慶：先誠實，再成交！

　　至於 USP 獨特賣點與眾不同，則可從下列角度出發：

● 從具體產品特色的角度出發。

● 從利益、解決問題的角度出發。

● 從特定使用場合的角度出發。

● 從與競爭者的差異出發。

　　最後則是文案創作，這部份可從以下三要素去掌握靈感發想的關鍵：

● 可能琅琅上口：易讀易記、或幽默莞爾；意境深遠。

● 讓文字充滿個性：有效率遣詞用字，讓讀者理解意涵。

● 獨樹一格：用字簡單，句子短也有力量，段落也短短的。

精準文案力，表達超順利

即便沒有華麗詞藻修飾，也能感動人心，切中要點。
神文案的基本功夫：觀察與好奇心、感性與想像力。
不斷練習，激發靈感與創意，喚醒商品的靈魂，讓商品具有生命。

3.3

━━

修辭立其誠，言近而旨遠─ 與情境談心，與情感共舞

大家之作，其言情必沁人心脾，其寫景也必豁人耳目，其辭脫口而出，無矯揉之態，以其所見者真，所知者深也。

〜近代文論家／王國維

記得幼稚園時，我們上台表演「滿江紅」舞曲，穿著舞衣、拿著配劍，有模有樣的，一板一眼的跳起來。當時我不懂詞句意涵，卻感覺歌曲旋律莊嚴肅穆，而非愉悅輕快。長大後才知〈滿江紅〉文字醞釀情感，充滿岳飛悲憤的報國情操：「怒髮衝冠，憑欄處、瀟瀟雨歇。望眼，仰天長嘯，壯懷激烈。三十功名塵與土，八千里路雲和月。莫等閒、白了少年頭，空悲切……」，如今讀來依舊感動莫名。

　　高中閱讀詩詞古文與現代詩、散文；如唐詩宋詞元曲、詩經，或「羅蘭小語」、余光中、席慕蓉詩集、朱自清的背影、匆匆等文章，驚覺文字之美，或溫柔婉約、或詩情雅意、或悲涼哀戚，皆可感動心靈。多年前台灣作家黃春明老年喪子之痛，寫了一首給兒子的詩〈國峻不回來吃飯〉，簡單詞彙卻感傷萬分：

　　國峻，我知道你不回來吃晚飯，我就先吃了。

　　媽媽總是說等一下，等久了，她就不吃了，那包米吃了好久了，還是那麼多，還多了一些象鼻蟲。

　　媽媽知道你不回來吃飯，她就不想燒飯了，她和大同電鍋也都忘了，到底多少米要加多少水？

　　我到今天才知道，媽媽生下來就是為你燒飯的，現在你不回來吃飯，媽媽什麼事都沒了，媽媽什麼事都不想做，連吃飯也不想。

　　國峻，一年了，你都沒有回來吃飯，我在家炒過幾次米粉請你的好友，來了一些你的好友，但是袁哲生跟你一樣，他也不回家吃飯了。

　　我們知道你不回來吃飯；就沒有等你，也故意不談你，可是你的位子永遠在那裡。

修辭之美：創造情境與情感的想像力

「人生有情淚沾臆，江水江花豈終極！」大自然花開花謝水自流，永無盡期；但人觸景傷懷，淚灑胸襟，更見情深。文字「修辭」之美與「情感」有關。適當的修辭，有隱喻想像的神遊空間，可增進情感的豐富與暢達。

當自己年歲增長後，回憶「為賦新詞強說愁」的年少輕狂，總會隨興抒懷，附庸風雅，寫下＜天人菊與仙人掌＞：

妳曾是那盛開的天人菊，我心中最嬌豔的紅花。

我曾是那繁茂的仙人掌，妳心中最迷人的綠葉。

花朵上的露珠，歡唱著對於大自然的謳歌；

綠葉上的陽光，感謝著對於小園圃的禮讚。

春去秋來，日復一日，年復一年，我們翩然起舞，凋萎又盛開。

無視於百花爭鳴，百草奔放，我們沉浸歡愉；無懼於爭奇鬥艷，繁花耀目，我們仰望星空。

一天，一陣狂風驟雨，將我們劇烈地打散，花瓣與掌刺飄零在人海。

繁華總是夢，一個淒涼的暗黑雨夜，我思念曾經嬌豔的那朵紅花，為那曾經的溫柔話語，流下眼淚與輕輕唱嘆。

（1）**修辭可用對比、隱喻或擬人化**

　　例1：燕子去了，有再來的時候；楊柳枯了，有再青的時候；桃花謝了，有再開的時候。但是聰明的，你告訴我，我們的日子為什麼一去不復返呢？（朱自清的匆匆）

　　例2：豐子愷憑著豐富的想像力：「人格中的真善美就是鼎的三個足。有了這三個足，鼎才能傲然屹立。」比喻「人格」與「鼎」的相似性聯繫，耐人尋味。

　　例3：從李安導演的戲劇中找出的經典台詞，句句皆是精闢入理。

● 這世界上唯一扛的住歲月摧殘的就是才華。

● 把手握緊，裡面什麼也沒有；把手鬆開，你擁有的是一切。（出自電影《臥虎藏龍》）

● 恐懼，它是生活惟一真正的對手，因為只有恐懼才能打敗生活。（出自電影《少年派的奇幻漂流》）

　　還有一種是擬人化。擬人即把物人格化，是一種重要的修辭方法。如：如蜜蜂為我、引路蝴蝶翩翩起舞、花兒落下清淚。詞人辛棄疾：我見青山多嫵媚，料青山見我應如是。讓描寫的大自然景物具有人的情感、思想，顯得靈動有趣。

（2）**修辭立其誠，言近而旨遠**

　　文字是文明的推手，匯集祖先智慧與生活經驗，能活化民族

生命、豐富生活情感。西方古希臘哲人亞里斯多德，於公元前 4 世紀完成《修辭學》。他提出三種說服人的策略，第一種是道德訴求，主要是強調訊息來源的可信度，第二種是理性訴求，主要強調傳播內容必須講道理，第三種是感性訴求，強調用感情去說服。理性訴求和感性訴求是現今說服傳播的核心概念，道德訴求彰顯人格誠信，卻在今日被嚴重貶低。

　　中華文化極為重視文辭美。《孟子・盡心下》中認為：「言近而指遠者，善言也。」言辭淺近而寓意深遠的，才是至善至美的文辭。唐代詩聖杜甫追求「驚人」的佳句，他說：「為人性癖耽佳句，語不驚人死不休。」。南朝文論家劉勰在《文心雕龍・風骨》中主張：只有具備動人辭采，又富於剛健清新風格文筆，才算是文章中的鳳凰。所謂「辭之待骨」指文辭的運用必須有骨力；「情之含風」思想感情的表達，要有教育作用。總之「捶字堅而難移，結響凝而不滯」即文辭方面要準確不易，教育作用要豐富有力。

（3）詩詞歌賦，增添幾許浪漫

　　古希臘詩人西蒙尼德斯曾說，詩歌是會說話的圖畫。優美古典詩詞，在傳播的過程中會產生意境高遠的影響，古典詩詞中更隱含了許多故事的背景。看秋月春風、邊塞風情、遊俠豪客、官宦世家的詩詞中的故事，憑弔繁華與蒼涼。

　　高中時期我開始閱讀詩詞，總喜歡詩詞中那些吟風頌月或邊

塞風情的高遠意境。詩詞歌賦情境描繪，增添幾許浪漫情懷。附庸風雅一番，像辛棄疾的〈醜奴兒〉：「少年不識愁滋味，愛上層樓，愛上層樓，為賦新詞強說愁。而今識盡愁滋味，欲說還休，欲說還休，卻道天涼好個秋。」

明代詩人張潮形容美人的樣貌：所謂美人者，以花為貌，以月為神，以鳥為聲，以柳為態，以玉為骨，以冰雪為膚，以詩詞為心，以秋水為姿。這些美女的天然麗質，更是營造朦朧之美的想像空間。

白居易的〈憶江南〉：「江南好，風景舊曾諳。日出江花紅勝火，春來江水綠如藍。能不憶江南？」更巧妙運用紅、綠、藍三種顏色描繪大自然景物。

三種修辭法：排比法、設問法、比喻法

情真意切就是最好的修辭。容我列舉以下三種修辭法分別說明。例如朱自清的散文《匆匆》：「燕子去了，有再來的時候；楊柳枯了，有再青的時候；桃花謝了，有再開的時候。但是聰明的，你告訴我，我們的日子為什麼一去不復返呢？」

上面這段文字就是運用了「排比法」與「設問法」。

（1）排比法：

　　用三個或三個以上結構相同或相似、語氣一致，相連語句排列在一起，表達同一個相關內容的修辭法。例如：

● 燕子去了，有再來的時候；楊柳枯了，有再青的時候；桃花謝了，有再開的時候。

● 在晨曦的原野中，有牧童老牛，才顯得純樸可愛；在群山萬壑中，有歌聲繚繞，才顯得詩意盎然；在沁涼的夏夜中，有清風明月，才顯得恬靜溫馨。

● 月亮彎彎天上掛，像眉毛、像鎌刀、像小船。

（2）設問法：

　　自己設計問題，自己作答來說明問題，或「自問自答」；也可能是「問而不答」。設問的目的在於若以普通敘述不夠警醒，不能引起讀者特別的注意，故安排「詢問語氣」句子，引起讀者好奇，藉由文章氣勢激起波瀾，富有變化。例如：

● 但是聰明的，你告訴我，我們的日子為什麼一去不復返呢？

● 春江水暖怎知道？鴨先知……

● 人生的意義是什麼？是一夕致富，得到一切想要的？還是活在當下，利人利己

● 創造價值？

（3）比喻法：

比喻由「喻體」、「喻詞」和「喻依」三要素配合而成。「喻體」是要說明的主體事物；「喻依」，是用來比方的另一事物；「喻詞」，是連接喻體和喻依的語詞。

比喻又分為明喻、隱喻、略喻：

一、明喻常用的比喻詞語是「好像、彷彿、恰似、宛如、活像」等。例句：

　1. 無邊的草原，好像起伏的海面。

　2. 望著柔和明月，我彷彿回到母親的懷裏似的。

二、「暗喻」：又稱「隱喻」，就是將「喻詞」──「像」、「如」、「若」、「似」…等等，直接轉換成「是」、「為」、「也」、「等於」、「成了」。例如：

　1. 鄉愁是一枚小小的郵票／鄉愁是一張窄窄的船票／

　　鄉愁是一方矮矮的墳墓／鄉愁是一灣淺淺的海峽（余光中 鄉愁）

　2. 專家還不是訓練有素的狗？（陳之藩 哲學家皇帝）

三、「借喻」：就是將譬喻句中的「喻體」、「喻詞」全消去，只餘「喻依」。

例如：

1. 松柏後凋於歲寒，雞鳴不已於風雨

2. 枯桑知天風，海水知天寒。（飲馬長城窟行）

3. 手心也是肉，手背也是肉，我絕不偏心。」（墨人 秋圃紫鵑）

善用比喻，可製造「聯想畫面」。如余光中的新詩《鄉愁》：

「小時候，鄉愁是一枚小小的郵票，我在這頭，母親在那頭；長大後，鄉愁是一張窄窄的船票，我在這頭，新娘在那頭；後來啊，鄉愁是一方矮矮的墳墓，我在外頭，母親在裡頭；而現在，鄉愁是一灣淺淺的海峽，我在這一頭，大陸在那頭。」

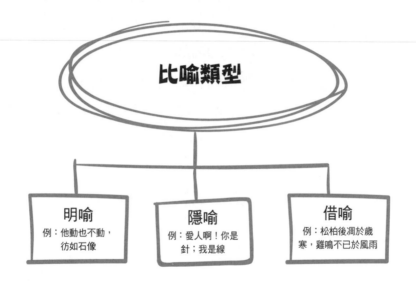

比喻類型

| 明喻 | 隱喻 | 借喻 |
| 例：他動也不動，彷如石像 | 例：愛人啊！你是針；我是線 | 例：松柏後凋於歲寒，雞鳴不已於風雨 |

金蘋果思維

最好的修辭就是「情真意切」

修辭技巧可把抽象的變為具體的，超脫文字、文法、邏輯的新形式，而使文辭呈現出一種動人的魅力，同時啟迪構思、豐富情感等多方面的作用。

3.4

▬▬▬

生命情感抒懷，逆境人格彰顯──
低谷中，依然仰望星空

一帆風順固然令人羨慕，但掙扎脫困才是生命的真實軌跡。

沒有逆境，何來榮耀；沒有挫折，何來輝煌。

逆境中給人更深的恩惠和更直接的啟示。

《荷馬史詩》共有＜伊利亞德＞與＜奧德賽＞兩篇、但丁有《神曲》、屈原有＜離騷＞、《聖經》有＜約伯記＞。或抒發抑鬱之情，或描寫時代風雲，或刻劃人性軟弱與仰天求助，其文字皆彰顯優美詞藻與情境張力。

2020 年的世紀瘟疫、2011 年日本 311 地震災變、2004 年南亞大海嘯，我們倖存，該懂得感恩惜福。但如果平靜生活突然面臨衝擊，該如何面對驟變人生？當生活富裕衣食無憂，突然遭逢天災人禍，瞬間一無所有，該如何安度餘生？問天，天可能不語。

生命困頓中，找不到出口。抑鬱逆境的情感抒懷，卻透視高貴人格的彰顯。

《舊約聖經·約伯記》中，記載一個「為什麼敬畏神的人會受苦？」的故事：

有一位純全善良、敬畏神的義人名叫約伯。他多年勞苦，在神的祝福下，也累積了許多財富。他有親愛的妻子，七個兒子，三個女兒。還有七千羊，三千駱駝，五百對牛，五百母驢，並有許多產業，許多僕婢。

但這樣一位在道德上無瑕疵，卻引起撒但的嫉妒。一天撒但向神控告說：約伯是因為享有富裕生活，才敬畏神，如果他喪失了這一切，他就會遠離神。

於是神允許撒但攻擊約伯，但不准撒但傷害約伯性命。撒但開始攻擊約伯，瞬間約伯在狂風中，失去了、羊、駱駝，以及兒子和女兒全都死亡。值此人生重大變故，約伯便起來，撕裂外袍，剃了頭，伏在地上敬拜，對著上天說：「我赤身出於母胎，也必赤身歸回。賜給的是耶和華，收取的也是耶和華；耶和華的名是當受頌讚的。」

撒但看見約伯仍不屈服，又再擊打約伯，使他從腳掌到頭頂都長了毒瘡。他的妻子對他說：你放棄神，死了心吧！

約伯的三個朋友聞訊後，就一同來安慰他，他們七天七夜陪伴他坐在地上；沒有說一句話，因為見他極其痛苦。約伯終於打

破七天七夜的沉默，開始咒詛自己，並與他的三個朋友辯論為什麼會遭遇到這一切的災禍。

在辯論過程中，有斥責和警告，有表白和反駁，有爭論和申訴，有憤怒和教訓，有譏諷和炫耀，有堅持和高傲，有沈緬和嘆息。但仍然不能回答到底神為何要如此對付約伯的目的。約伯在孤獨中，就轉而問天，這「天」就是全能創造的神。

約伯問：「惡人為何存活？享大歲數且財勢強盛？」

約伯問：「惡人的燈何嘗熄滅？禍患何嘗臨到他們？」

這時，全能造物者神，從旋風中顯現回答約伯說：「誰用無知的言語，使我的旨意晦暗不明？我立大地根基，你在哪裡？誰定地的尺度誰把準繩拉在其上？我為海定界限，叫光普照四極，雪庫雹倉，為我爭戰。誰為大雨分道？誰為雷電開路？誰能使雲彩揚聲？使充沛雨水遮蓋？誰能按時領出十二宮，引導北斗眾星，在地上建立天的管制？」

在一連串神與約伯的對話中，神不斷啟示約伯。聽完神的這一番話後，約伯便說：「我從前風聞有你，現在親眼看見你。因此我厭惡自己，在塵土和爐灰中懊悔。」

當約伯看見神的偉大，與自己的渺小；因為「賞賜的是耶和華，收取的也是耶和華」。後來，耶和華就使約伯從苦境轉回，並且耶和華賜給他的，耶和華後來賜福給約伯，比他從前所有的加倍。此後，約伯又活了一百四十年，得見他的兒孫，直到四代，豐盈

的日子，滿足而死。

天人關係的正向思考

我喜歡一首詩歌：「神未曾應許天色常藍，人生的路途花香常漫；神未曾應許常晴無雨，常樂無痛苦，常安無虞。神卻曾應許生活有力，行路有光亮，作工得息，試煉得恩助，危難有賴，無限的體諒，不死的愛。」

約伯遭逢變故，雖有堅定的信仰，但剛開始選擇（Choose）自怨自艾的承受痛苦，應對恐懼 （Dealing with fear）。接著他藉由詛咒自己，自我談話（Self talk）來療傷止痛，後來他的三個朋加入安慰勸說約伯的行列。[1]

他的朋友在規勸中有指責也有鼓勵，無非是要讓約伯走出悲傷情境，處理問題（Dealing with problems）。直到神在旋風中顯現，啟示約伯，才讓約伯展現真實（Be authentic）的面對神、認識自己（know yourself）進而對自己負責（Accountability）。

當一個對自己負責的人，隨時會反躬自省，當個學習者（Be a learner），並看到別人最好的一面 （Bring out the best in other people），如此內心才會充盈平安和快樂（Peace & Happiness），

世界才會因你而不同（Make a difference）。

　　相較於西方約伯的遭遇，遠在東方中國的三閭大夫屈原（西元前 340 年～前 278 年）也透過 ＜離騷＞抒發情懷，排憂解悶。因為個性耿介，加上受他人讒言與排擠，逐漸被楚懷王疏遠。西元前 305 年，屈原反對楚懷王與秦國訂立黃棘之盟，慷慨陳詞，但是楚國還是投入了秦的懷抱。於是屈原被逐出郢都，流落到漢北，放逐後寫了一首＜天問＞，一口氣對天地、人神、山川日月等提出了一百七十餘個問題。沒想到 2020 年，中國火星探測計畫中，也取名「天問一號」探測器，飛行已達 3.5 億公里。

　　他問：遠古之初，天地如何成形？宇宙混沌，誰能窮究？九重天的邊緣延伸到何方？日月星辰如何錯落有致？他問：后羿、嫦娥、夏桀、寒浞的際遇？

　　他問：堯舜禹湯、周文王、齊桓公的霸業？

　　文章借古諷今，洋溢著對於楚地眷戀和報國熱情。最後歸結到楚懷王受到張儀欺騙，到處打仗。如果楚懷王能悔過更改，又何需自己多言？我們憂國憂民的情懷，或許可借鏡屈原在〈離騷〉：「路漫漫其修遠兮，吾將上下而求索」的抱負：雖然前方的道路還很漫長，但亦將百折不撓，不遺餘力地去追求和探索。

---

1 上面描述約伯的情境轉變，我延伸運用陳郁敏女士在《漣漪詞：十一個改變人我關係的正向思考》書中，提到的十一個正向思考。

　　但當面臨生命中的橫禍，冤屈莫辯、沈冤莫白時，該如何抉擇呢？屈原與約伯的遭遇，同樣面臨人生困境，問天「仰之彌高，鑽之彌深」之時，紓解心境，找到出路。我心也有感，寫下「天問？問天？」詩句，縱使聊備一格，也讓想像力飛奔：

悲哉秋為氣，蕭瑟草木落，三閭大夫屈原，踟躕水邊。

我心悠悠，仰首看天，問天地人神，舉世溷濁，唯我獨醒。

我向天問，遠古之初，天地如何成形。

宇宙混沌，誰能窮究，天有九重，誰能測度。

擎天八柱，何能安放，洪泉極深，東西南北。

蜂蟻微命，難勸楚王，孤臣無力可回天啊！

我向天問，扭轉乾坤，想振衣千仞崗，濯足萬里流

終選擇，縱身江河，天問？天問？

屈原啊，你不孤寂，因另有一人約伯，他曾遠在西方烏斯地。

突遭患難，訴說苦情，厭煩性命，沉緬過去，嘆息現況。

他也問天，惡人為何存活，享大歲數，財勢強盛？

惡人的燈何嘗熄滅，禍患何嘗臨到他們？

問天？問天？問天？

他終信服，全能者造北斗參星；

行大事不可測度，行奇事不可勝數。

因此他厭惡自己，在塵土和爐灰中懊悔；

全能造物者，使他從苦境回轉 加倍祝福。

千年後，世人回顧，

無數天問？無數問天？

金蘋果思維

挫折復原力，戰勝人生重大挑戰

順境時顯現惡習，逆境時凸現美德。挫折容忍力是一種強大的力量，建立自己的核心信仰；從壓力或創傷中尋找意義；尋找支援你的社會網絡。就像故事中約伯的三個朋友聞訊後，就一同來安慰他，他們七天七夜陪伴他坐在地上；沒有說一句話，因為見他極其痛苦。世上沒有絕望的處境，只有對處境絕望的人。從逆境中面對、學習、成長，告訴自己：我能勝過。

CHAPTER 4

共好文化的組織

溝通、承諾與共識

真正的成功人士，

會選擇他們值得付出時間的努力。

熱情，是一件事情成功與否的重要契機，

你需要致力於你所熱愛的事物，

並對你所做的事情充滿熱情。

~比爾·蓋茲（William Henry Gates III）

4.1

—

職場等待的 3Q 人才—
AQ 自省力、IQ 自學力、EQ 自制力

A+ 人才的成就動機：

AQ 自省力：面對逆境，培養挫折忍受力。

IQ 自學力：勤能補拙，啟動學習超能力。

EQ 自制力：情緒管理，優化心理素質力。

AQ 自省力：面對逆境，培養挫折忍受力。

某人力招募公司與六家企業的 CEO 舉行座談，其中討論一個題目是：企業招募最需要哪一種人？結果他們不約而同選出下列三種能力：挫折容忍度、團隊合作、問題解決。這三種能力都需要高 EQ 與 AQ 思維。

首先，任務與目標執行過程中，事實遠比想像困難。會有許多挫折沮喪，因此需要自省力，培養挫折容忍度。承認自己或許

是問題源：改變他人之前，先改變自己。建立正確價值觀，將壓力轉換為生產力，創造卓越績效。

其次，小成功靠個人，大成功靠團隊。團隊綜效 1+1>2 需要團隊合作。自制力懂得不役於物、不爭功諉過，懂得謙讓卻又能貢獻個人價值。如此足以與團隊成員同心一體，愉快共事。

最後，解決問題需要創新思維，除了系統培訓、群體討論，自學力是高度的成就動機。管理學者大前研一說：解決問題的能力，代表你對於公司的價值。

網路時代資訊垂手可得，主動積極的求知慾，分享合作與探索，才能打造學習型組織。挫折容忍度代表 AQ 自省力；團隊合作代表 EQ 自制力；問題解決代表 IQ 自學力。

《論語》說吾日三省吾身，小則修身養性、齊家愛人；大則治國治民、兼善天下。一個人碰到的挫折或處於困境中，能否保持希望、持續奮鬥，則是所謂的 AQ（Adversity Quotient，逆境商數）。AQ 是在面對逆境時，挫折的忍受力，主要與個人意志有關。例如：當我們必須要活在備受疼愛，高度肯定讚美的環境中才能生存時，將導致低的容挫能力，就是 AQ 的能力。根據 AQ 專家保羅・史托茲博士的研究，一個人 AQ 愈高，愈能以彈性面對逆境，積極樂觀，接受困難的挑戰，發揮創意找出解決方案，因此能不屈不撓，愈挫愈勇，而終究表現卓越。

其實，情緒 ABC 理論，字母的意義分別代表著：A ／緣起事

件（Activating event）← B ／信念（Belief）→ C ／情緒與行為的結果（Consequence of emotion and behavior）。

　　事件 A 的認知和評價而產生的信念 B、引發情緒和行為後果 C。學者認為信念 B 才是真正引起 C 的直接原因，而非突發事件 A 直接引發的。

　　人對事件的情緒反應，是與這個人對事件的認知有關。例如，部屬被主管責備事件發生後，除了事件本身，還有個人對事件的看法與解釋，會令人產生不同的情緒。如果部屬的認知信念是「主

案例：認知信念引發情緒 – ABC 理論

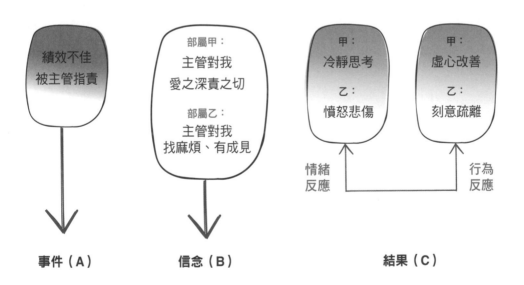

績效不佳
被主管指責

部屬甲：
主管對我
愛之深責之切

部屬乙：
主管對我
找麻煩、有成見

甲：
冷靜思考
乙：
憤怒悲傷

甲：
虛心改善
乙：
刻意疏離

情緒
反應

行為
反應

事件（A）　　　　信念（B）　　　　　　結果（C）

結論：事件的本身並不影響人，人們只受對於事件信念的影響

管刻意刁難」，或是「主管愛之深，責之切」，就會產生不同的情緒與行為。這當然牽涉到個人的主觀認知與實際情境，但「信念」的再次檢視，會有更客觀的選擇。

信念導致結果，而非事件本身

信念的認知在於：吾日三省吾身的「自省力」。例如，同一事件（績效不佳，被主管指責）發生在甲、乙部屬身上，卻導致不同的情緒與行為的結果反映（甲是冷靜思考、乙是憤怒悲傷），是源於不同的信念（甲相信主管是出於愛之深、責之切；乙認為主管是找麻煩）。

IQ 自學力：勤能補拙，啟動學習超能力

我但任企業管理培訓講師多年，喜歡觀察學員的主動求知的現象。我常會鼓勵學員在課間休息的階段（上、下午的十分鐘，或中午的一小時），有空翻翻講義預覽內容，但這樣主動的學員並不多。讓我想到自學力的重要。

在「分享、合作、利他」的年代，許多一流知名大學免費在學習平台提供的課程，我們完全不用怕找不到資源、找不到教練，但當有這麼多資源擺在我們面前時，如果我們還只被動學習，依

賴四年大學與兩年研究所老師在課堂上的講授，而不主動蒐集閱讀相關主題訊息，就會在學習成效方面大幅衰退。自學的能力，就是邏輯彙整力、判斷能力和學習與理解力。

　　自學力也是自我鞭策的良好習慣，就像陶侃搬磚，日復一日的自我驅動。你就能不斷開發自身的潛能，例如：

- 養成閱讀的習慣：鎖定學習範圍，整合跨領域書籍的融會貫通。
- 關鍵統合的技能：養成思考的寫作力，訓練邏輯彙整力。
- 推動團隊讀書會：引發團隊主動學習，建立系統、結構的學習主題。

EQ 自制力：情緒管理，優化心理素質力

　　在我授課程生涯，老天總會巧妙讓我自省「言行合一」的功課。某次前往企業授課時，承辦人員態度消極怠慢，不願配合教室桌椅的擺設，這將會導致我無法順利進行授課，頓時令我怒氣攀升，火冒三丈。後經溝通協調，我才試著降溫怒氣，開始講授當天的課程：「情緒管理」。當下強顏歡笑，言行不一的表情，內心五味雜陳。

　　人們會感受記憶中的美好與痛苦，是因為大腦的「海馬迴」（hippocampus）與「杏仁核」（Amygdala）彼此關聯作用。「海馬迴」專門儲存長期記憶的地方，會喚醒過往的回憶。「杏仁核」

產生豐富「感覺」，例如：快樂、害怕、驚訝、悲傷、厭惡等情緒，也稱為「情感中樞」，會被激活而產生各種「情緒與感覺」。杏仁核可以產生情緒激勵，從而增強記憶。讓人感受到經驗與刺激中最重要的細節。

　　EQ 是際敏感和心靈透視的能力。將情緒轉變成為力量，需要良好的「情緒商數 EQ」（Emotional Quotient），也就是情緒管理能力。前 P ＆ G 高管曾經分享，高 EQ 的人都有六項特徵：

●善於傾聽，人緣不錯。

●對道歉毫無包袱。

●非常需要別人的反饋。

●擅長稱讚他人、感激他人的肯定。

●很多人希望從你身上獲得認同。

●不容易記仇。

情緒能力的架構─ Goleman（2001a）

	自身的（個人能力）	他人的（社交能力）
認可	**社交察覺** (自我評量, 自信心)	**社交察覺** (同理心, 組織覺察)
控制	**自我管理** (適應力, 成就驅力)	**社交察覺** (同理心, 組織覺察)

《EQ：決定一生幸福與成就的永恆力量》（Emotional Intelligence：Why It Can Matter More Than IQ）一書暢銷二十年，作者丹尼爾・高曼（Daniel Goleman）提出情商 EQ 的管理包括：情緒的自我察覺、自我管理能力、社交察覺及人際關係管理等四方面。

情緒失控，人皆有之。若無法節制，或演變為激情的奴隸、智者的愚行。因此情緒管理首在：情緒的自我察覺，就是能認知與解讀自己的情緒。例如，知道自己自尊與原則上能夠容忍的底線，並認識一旦情緒暴衝，對自己造成的影響。《聖經》說「不要含怒到日落」，以及俗云「夫妻床頭吵床尾和」，說明要了解自己情緒的能力與侷限。每次的情緒反應中，不斷構築自信，深信自己的價值和能力，當同樣的情境再發生時，情緒控制能有改善，不斷給自我肯定和鼓勵。

其次，自我管理就是克制衝動和矛盾情緒，不要一直陷入情緒死胡同。如：嫉妒、憂鬱、憤怒等。俗云「忍一時，非忍一世，就能風平浪靜；退一步，非退萬步，就能海闊天空」。此外，展現誠實及值得信賴的特質，並且擁有強烈的動機與衝勁，才能適應變動的環境，克服障礙。

社交察覺則是運用「同理心」去感受他人情緒，了解別人觀點。透過社交場合學習融入群體，與人互動並建立人際關係。這種社交能力的養成，有助於融入團體中的活動，學習服務與貢獻的心態。例如，在組織中建立以客為尊、員工優先的服務文化，就是近來服務業火紅的議題。

薩蒂亞納德拉（Satya Nadella）2014 年接任微軟（Microsoft）執行長時，發覺員工會彼此對立尖銳批評。開會消極被動不發表意見，因為害怕一旦提出「異想天開」的創新點子，會引人非議，甚或貶低別人又能保護自己，先乾脆講一句：「這是什麼白痴問題！」。

　　他認為如果瀰漫這樣的風氣文化，無法促進團隊合作。於是他在辦公室大門貼上大大的中文「聽」這個字，彷彿提醒自己和員工：耳朵為王，還要用十個眼睛和一個心，傾聽意見。（ear is the king, with ten eyes and one heart）。提醒成員：團隊成功比個人成績重要。並重組團隊，讓原本不會接觸到客戶的員工，也能親耳聽見客戶需求，跨部門合作，提出解決問題的點子。

　　最後，人際關係的管理，就是在團隊共識中運用影響力，說服他人接受自己想法；運用創造力，激發新的作法；並擁有協調共識的能力，來處理衝突管理。

　　情緒管理，讓你懂得如何控制自己的情緒，加強人際的敏感，與別人融洽相處，關心他人並激勵自己。主宰人生之前，先主宰自己吧！

職場等待的 3Q 人才

報載：記錄高中三年學習歷程，教授們最想在檔案裡看出學生解決問題、邏輯推理與溝通表達三項能力。職場新鮮人，急於發光發熱，但卻很快倍感壓力無法紓解者，何不先在 AQ 與 EQ 下功夫，IQ 自然迎刃而解。

4.2

「情理法」奠定文化基石—
道天地將法，商場如戰場

良好的企業文化與清朗的組織氣候，及所有員工對於基本價值觀的認知，才是成為一流公司真正的基礎。

制度、系統是硬體；文化、氣候是軟體，要注重的是軟體的價值。

〜聯強國際總裁／杜書伍

多年前我擔任業務主管時，副總律己甚嚴，對麾下的主管恩威並施，紀律嚴明，所以團隊績效卓越。多年後大家一路走來，培養了革命情感，我們的紀律卻轉為「方便當隨便」，常表現在我們幾位業務主管與副總開例行會議時，大家姍姍來遲。

某次開會，大家又姍姍來遲。依照副總過往的脾氣，他會大發雷霆，但那次副總沒有生氣。他先用平靜語氣說：大家近來參

與例行會議，遲到現象屢見不爽。我很體諒我們拜訪客戶的辛勞，但如果你們與我開會都會遲到，可見你們拜訪客戶也會遲到。但「守時」是業務的重要法則，你們的言行舉止就代表公司的形象，這樣好嗎？於是他貌似輕鬆地問了我們三個問題：

「如果今天是你大學聯考的日子，你會不會遲到？」

「如果今天是你結婚的日子，你會不會遲到？」

「如果今天是我們部門旅遊，趕搭飛機日子，你會不會遲到？」

說完之後，大家靜默無語，從此與副總開會沒有人遲到，重拾以往的紀律。

我才了解「恨」有兩種：一種是恨鐵不成鋼；一種是恨之入骨、恨之欲其死。相信副總對我們是：恨鐵不成鋼。而他善用「情理法」引導我們。徒法不足以自行；徒善不足以為政。故動之以情、說之以理、據之以法。

情：溝通中建立的情感、關懷與信任。可以透過故事或隱喻的方法。

理：清楚解釋規章或要求的道理（為何這樣做的原因），可以討論或辯論。

法：組織的價值觀、制度規範、流程 SOP 與績效考核。

「情理法」三角說服，奠定文化基石

有一個有關於中國格力企業的小故事。格力董事長董明珠對制度的定規與執行非常嚴謹。譬如上班時間員工不可以吃東西，某次距離下班時間還有五分鐘，一位同仁正分享土產給其他同仁，正好被董明珠撞見。她問清楚原因後，立刻依規定處罰。但事後董明珠也帶了禮物，登門拜訪員工的家，再次清楚告知制度與處罰的意義。

有人或許認為制度太嚴苛，但是企業商場競爭猶如戰場戰爭，紀律與制度嚴謹關乎成敗。令出法隨，才能建立法的制度。嚴格

建立共好的組織文化─情理法

執行制度，做到公平、公正，制度才具有了權威。這個故事啟示我們「管理要嚴，執行要準，待人要善」。制度是死的冷冰冰但人心是活的，溫暖的關注，細心的解釋，就是情與理。

道、天、地、將、法──企業領導／基業長青

日本戰國大名武田信玄，以《孫子兵法》推崇的「疾如風，徐如林，侵掠如火，不動如山」十四個大字作為軍旗。作戰時最快速地調動軍隊，作出攻擊與撤退反應；如森林一樣肅穆嚴整；衝鋒陷陣，如烈火燎原；主帥不動，帥旗不動，則軍心不動，奮勇殺敵。

《孫子兵法 · 始計篇》有云，兩軍交戰前，需分析五方面的實力：道、天、地、將、法，審度五方面情形，比較雙方的謀畫，以探求對於競爭情勢的認識。

- 道：企業價值觀與經營理念（令民於上同意，可與之死，可與之生，而不畏危也）。
- 天：經營環境，包括政情、景氣和時局。
- 地：市場環境，蒐集消費者反應、市場競爭者的策略、地緣關係。
- 將：領導者實務能力、對外和客戶關係、對內下屬情感；賞罰有信，對部屬真心關愛，勇敢果斷（智、信、仁、勇、嚴）。
- 法：組織結構，責權劃分，人員編制，管理制度，資源保障，物資調配（法者，曲制、官道、主用也）。

　　而商場如戰場，將《孫子兵法》活用於企業經營的人，還有日本軟體銀行董事長孫正義。他根據《孫子兵法》研究出一套經營聖經，強調「一流攻守群，道天地將法，智信仁勇嚴、頂情略七鬥、風林山火海」。

　　「一」是激勵自己要做就做頂尖一流企業。「流」是順時代潮流。「攻守」則是衝鋒陷陣時不忘防範固守。「群」則是建立多種優勢產品，避免倚賴單一產品的薄弱。軟體銀行的「道」是「提供推動數位情報革命的基礎建設」。

　　「頂情略七鬥」是企業領導人要站在山頂上眺望全盤，掌握全局。然後「情」，徹底周全地蒐集情報，再「略」，訂下戰略。「七」表示如果有七成勝算則可一戰。

　　「海」，表示軍隊管理與平定的工作，如海一般深廣，包含一切。

活用孫子兵法，建立高績效團隊

　　主管帶領部屬，猶如將帥的指揮才能。恩威並施就好比「奇」與「正」相結合。曾擔任業務處長的我，領略兵法除可運用在業務談判，還可在團隊領導統御：

　　善於選擇人才，找對的人上車：「善戰者，求之於勢，不責於人，故能擇人而任勢」。招募成員除了能力以外，還要注重投入度，以及誠信正直的價值觀。否則「請神容易，送神難」

　　樹立團隊規範與紀律：凡治眾如治寡，分數是也；言不相聞，故為金鼓；視不相見，故為旌旗。夫金鼓旌旗者，所以一人之耳目也。人既專一，則勇者不得獨進，怯者不得獨退，此用眾之法也。會議決策指出利與弊：有時機會與弱點、威脅與優勢可能互為表裡，利益也可能潛藏風險。故智者之慮，必雜於利害。

　　不論「法理情」或「情理法」，端視領導者思維與組織文化。秦國宰相商鞅在公元前 360 ～ 338 年期間，依靠法家思想，在秦國推行變法系列改革，奠定秦國能統一六國的重要原因。直到戰國末期，由韓非（約前 281 年～前 233 年）集其大成。他提出的

道天地將法─商戰應用

道
價值觀與理念

法　　　　　　　　　　　　　　　天
制度與激勵　　　　　　　　　時機與景氣

將　　　　　　　　　　　　　　　地
將才與團隊　　　　　　　　　市場與顧客

「法、勢、術」，審視於亂世用重典，才能救亡圖存，拯救國家於危亡，謀求國家的生存。

　　韓非子認為人性本惡，自然懂得趨利避害，故而必須立法才能治理天下。他說：「凡治天下者，必因人情，人情有好惡，故賞罰可用。」此外，立法執行必須有勢，勢代表的是「權位、權力」，主宰者必須兼備兩種權威，別人才會遵從。而法勢兩者存在後，也不能忘卻術。「術」是指察言觀色，處理好人際關係和上下關係。法、術、勢三者運用得宜，便可勞心而不勞力，治人而不治於人。然而中國古代對法家的評價，多半認為其將人性的黑暗面描述得太過刻薄，從而忽略了人性的光輝面。

領導力的指標：「績效卓越，部屬滿意」

中國聯想集團創辦人柳傳志，曾親手把有望接班的希望之星孫姓員工，送進監獄，因為他挪用公司資產。當對方入獄後幡然悔悟之下，幫助他出獄後再次創業。柳傳志曾經反覆強調：「聯想不僅要大量招聘年輕人，而且要大膽提拔年輕人，提拔錯了不是錯，但是不提拔、不培養是大錯。」

上述案例說明：領導者的恩威並施，還要配合組織文化的法理情，終其目的就是學習在「績效卓越，部屬滿意」之間，權衡與拿捏。

4.3

向上溝通，發揮膽識—
誰給貓兒掛鈴鐺？

以整體組織利益為優先，藉由管理你的主管，好讓他為你的
成效、成果與成功，提供資源

就是所謂的「向上管理」（Managing up）。

根據統計，美國人每個月平均花十五個小時抱怨老闆，更有
88%的人曾因「與老闆不合」而離職。管理學大師彼得‧杜拉
克（Peter Drucker）曾說：「向上的關係，是經理人理所當然最關
心的事務。」

因為上司主管對自己的評價，往往會決定自己生涯的發展與
前途。彼得‧杜拉克認為，管好主管（managing manager），例
如了解主管的領導風格、與主管建立良好關係等等，不但可以「避
免痛苦與傷害」，也比較容易「被晉升」。

　　不良的向上溝通，會造成「上令屬下行，下情滯上達」。但部屬如何鼓起勇氣，去與主管溝通呢？我想起一個故事「誰給貓兒掛鈴鐺」：

　　穀倉裡，住著一群快樂的老鼠，因為老鼠們每天都有吃不完的穀子。有一天來一隻大黑貓，神出鬼沒，動作靜悄悄的。老鼠還來不及尖叫，同伴就都被貓抓走了。於是老鼠們很緊張，東躲西藏，個個餓得發慌。

　　於是大家決定開會討論對策，有隻年輕頑皮的老鼠說：「如果我們在貓的脖子，掛上一個鈴鐺，貓來了，鈴鐺就會響，我們就可以逃跑了。」

　　地洞立刻響起一陣如雷的掌聲，讚嘆這真是有創意的想法。但一隻年長的老鼠，張開沉思的眼睛，說：「誰去給貓兒掛鈴鐺？」

　　地洞裡一片安靜，誰也沒有再說話。

　　從上述故事讓我們體會到，向上溝通要勇於採取行動。有三部曲如下：

瞭解主管喜好

　　了解主管的喜惡與需求，不但能降低錯誤的風險，有助於提高彼此的信任感。例如，主管如果希望部屬都能夠自律，因此下列現象都是主管的禁忌：

　　遲到早退或曠職、開會不發言，卻背地裡說三道四、只會抱

怨不敢溝通、報喜不報憂，隱匿壞消息、吹噓自己能力、越級報告。

　　其次，辨識主管的人際風格與工作習性，與主管反覆磨合中，培養默契。

● **表現型主管**：猶如火球閃耀，五光十色。展現開放、充滿衝勁、熱忱、有活力、具有創造力。決策開放且大膽、創新與嘗試。希望營造激勵、讚美肯定的團隊文化。部屬可以適時建議主管思考的周延與盲點，放慢腳步與停頓的重要性。

● **友善型主管**：猶如溫暖火炬，關心照亮別人。常表現出樂觀正面、關心、信任他人、同時非常敏感。決策的時候，往往願意接納部屬的意見，也喜歡跟同仁合力完成任務。與火炬型的主管相處，讓他覺得友善、溫馨、真誠、有愛心。部屬要特別注意溝通的禮節，展現主動積極，樂於配合的態度。避免把主管的信任，方便當隨便。

● **分析型主管**：猶如微微火焰，安全但穩定。做事非常謹慎、注重風險、有耐心，事事要求精確。在做決策時，展現邏輯清晰，喜歡研究不同的方案、不斷測試，才會做出最後選擇。 部屬須展現運用必要的資料、數據的分析能力、PDCA 的技巧，學習主管的深謀遠慮。

● **控制型主管**：猶如火候深沉，經驗豐富。講求果決與效率，喜歡部屬能獨立思考，交出成果並創造績效。部屬面對這樣主管，要有智慧與耐心，傾聽主管要求的重點與指標。

維護主管的權益

　　Alan 剛升任技術行銷經理，但部屬紛紛提出離職，主管也是空降不久，與他是命運共同體。主管有所不解，找他詢問。Alan 誠實以告，自己在領導力方面比較薄弱，兩人共同討論團隊建立事宜，相談甚歡。Alan 日後加強溝通頻度，及早傳達困難與疑惑，累積信用，使主管安心，沒有後顧之憂。這就是建立良好溝通平台，在主管的「信用帳戶」裡，不斷地累積存款。信用額度需要靠一點一滴累積。

　　此外，了解主管的強項弱點，適時截長補短。站在主管的制高點思考，觀看全局，成為主管倚賴的好幫手。如能替主管解圍，保住尊嚴，更是日後晉升的潛力人才。

影響主管的決策

　　能夠影響主管的決策，一定是日常的績效表現贏得主管信賴，才會被充分授權：「你辦事。我放心」。就像三國時期劉備遺恨在白帝城託孤，並交代國家大事。委由諸葛總攬政務，李嚴掌管軍事，兩人各司其職輔佐阿斗。死前並囑咐諸葛亮：「如其不才，君可自取」，充分贏得主子的信任。

　　向上管理前提是：以整體組織利益為優先，達成任務目標。否則一昧奉承，會流於逢迎拍馬。歷史殷鑑不遠，秦二世胡亥在小時候，師從趙高學習獄法，趙高日常對胡亥照顧有加，卻是包藏禍心，心機極深。年少的胡亥惹事生非也是趙高幫忙解決，日久相處生情後，趙高就成為了胡亥倚重的心腹。胡亥才學不及哥哥公子扶蘇，卻被趙高推上王座。秦二世繼位以來，在趙高指使下殘害朝廷忠良，實行殘暴統治，終於激起了陳勝、吳廣起義。公元前 207 年，胡亥被逼迫自殺於望夷宮，時年二十四歲。

發揮膽識，上下情通達

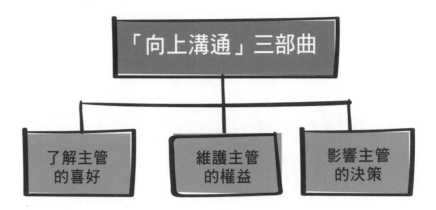

向上管理的目的：
- 在組織中的「主管─部屬」階層關係，部屬可扮演更積極主動角色。
- 降低雙方的期望落差、緩解雙方的壓力，進而影響主管決策。
- 建立雙方的信任感，以解決個人與主管問題，讓個人在組織中有更好表現。

5C 管理 vs.「六面向價值」

宏碁電腦創辦人，施振榮先生在 2014 年，力推 5C 管理。「5C」就是：「Communication、Communication、Communication、Consensus、Commitment」，即「溝通、溝通、溝通、共識、承諾」。尤其當公司面臨虧損，需全員共體時艱，如：裁員、減薪、無薪價或縮編等變革，此時運用「5C 溝通」，就更為重要。

施振榮先生並強調：未來 KPI 將會考量「六面向價值」（有形／無形、直接／間接、現在／未來）之間的平衡性，以利組織的有效運作及永續。

4.4

___

精準提問力—
問對問題，解決問題

最危險的，不是提出錯誤的答案，而是提出錯誤的問題；最需要的，不是提出正確的答案，而是提出正確的問題。

~管理學大師／彼得‧杜拉克

麥可‧艾伯拉蕭夫（Michael Abrashoff）是美國傳奇的海軍艦長，他透過一系列的改革，在短短的兩年內，把一艘混亂不堪、績效奇差的軍艦，打造成一艘美國海軍最優秀的軍艦。他懂得運用三個問題，與船上的官兵互動：

● 你喜歡這艘艦的哪一點？

● 你最不喜歡哪裡？

● 如果能夠，你會用什麼方法改善它？

透過提問，開啟溝通對話。積極傾聽，從部屬的角度看事情，

終於創造卓越績效。最後，他勉勵全船的官兵，勇於承擔責任：
你一定要記住：這是你的船，一定要讓它成為最好的！

藉由「提問力」，可以幫助那些人呢？

　　解決問題可以透過多問、多聽、多想、多嘗試、多觀察，培
養好奇心與敏銳感。人腦會因「提問」而開始運轉，慢慢意識到
危機，才能辨明眼前真正該做的事。藉由「提問力」，可以幫助
那些人呢？

● 不知如何問、不敢問、不願意問問題的職場工作者。

● 想要發覺顧客潛在需求的第一線客服、業務、工程人員等。

● 欲強化邏輯思考力，激發創意的向上溝通者。

● 想強化行銷、公關、自媒體工作績效者等。

● 擬定策略、設定目標，提升團隊士氣的主管或經營者。

七方面「精準提問」，你可以這麼嘗試

● 人生價值：清楚「以終為始」，才知道自己「想成為什麼人」；
提問：**當走到人生的終點，你希望親朋好友如何評價自己？**

● 檢視自我：盤點自己的天賦與興趣才能。**提問：我是誰？我的強
項在哪裡？我的弱項在哪裡？我的方向在哪裡？**

● 建立關係：對人展現興趣，從攀談開始。建立情誼，贏得信賴。
提問：分享成長背景？喜歡的嗜好？從事的職業？工作的動機？

精準提問力

- 帶人帶心：設定目標，開啟對話。提問：自我當責，你會從哪一方面著手提升績效呢？
- 擬定策略：兼顧風險與成果。提問：我們顧客為滿足的需求是什麼？
- 銷售談判：蒐集情報、盤點資源、確認立場。提問：我們有何籌碼爭取談判利益？
- 解決問題：提出邏輯思維的問題，激發創意與討論，追根究底。

　　美國創新大師克雷頓・克里斯汀生（Calyton M.

Christensen）告訴我們有兩大提問型態：

（1）描述現有領域：什麼？什麼導致？

（2）詢問顛覆性的問題：為何？為何不？若是／如果—會怎樣？

創新思維解決問題—兩大提問型態

如何問對問題，美國創新大師克雷頓・克里斯汀生（Calyton M. Christensen）提出兩大類的疑問型態，訓練自己隨時隨地提出疑問，觸發新的洞察、連結、可能性和方向：

（1）描述現有領域：什麼？什麼導致？

（2）詢問顛覆性的問題：為何？為何不？若是／如果—會怎樣？

上述疑問，我這麼舉例說明：

● 顧客關心的議題是什麼？

● 什麼是導致產品滯銷的根本原因？

● 為何開會時大家不願意發言？

● 為何不針對績效考核新制度實施獎懲分明？

● 如果競爭者積極創新，我們的市場地位會怎麼樣？

● 如果主管能勇於當責，擇善固執，部屬觀感會怎麼樣？

● 如果部屬不能勇於當責，主管觀感會怎麼樣？

● 為什麼台灣機車與汽車數量不設限？

● 為何台灣還是可以容許食物添加反式脂肪？

● 為什麼台灣媒體只會嚴厲批評不會讚美他人？

疑問練習

◎ 什麼？
◎ 什麼導致？

} 描述現有領域

疑問腦力
激盪？

◎ 為何？為何不？
◎ 如果 -----，會怎麼樣？

} 顛覆現有領域

●為什麼企業經理人過勞卻不敢休閒放假？
●為什麼智慧手機品牌的毛利率，蘋果獨佔絕大比例？

受邀法務部演講，引導學員運用「提問力」

●我們的顧客（民眾）關心法務部的議題是什麼？
●什麼是導致部分法官貪瀆的根本原因？
●為何毒品進入校園現象日益嚴重？
●為何不針對民代踢門的現象展示捍衛的尊嚴？
●如果辦案屢遭民代阻礙，司法尊嚴會怎麼樣？
●如果政府官員能勇於當責，擇善固執，民眾觀感會怎麼樣？
●如果政府官員不能勇於當責，民眾觀感會怎麼樣？

受邀在財政部演講時，引導學員運用「提問力」

- 我們的顧客（民眾）關心的是什麼？
- 什麼導致地下經濟蔓延猖獗？
- 為何欠稅大戶可以逍遙法外？
- 為何股市疲軟就要求調降證所稅、取消證交稅？
- 什麼導致地方政府未能落實財政自我負責，主動積極開拓財源，導致自有財源比率偏低？
- 為何部分地方政府為爭取補助款競提計畫，事前既未能縝密規劃評估可行性及計畫需求之過度擴張，在未籌妥財源前，即以舉借債務支應，惡性循環的結果，造成地方政府財政日益困窘？
- 如果徵稅困難，屢遭民代阻礙，國家財政會怎麼樣？
- 如果民眾濫用健保醫療資源，五年後健保會怎麼樣？
- 如果百姓不能共體時艱，五年後年金會怎麼樣？
- 如果欠稅大戶都可以逍遙法外，民眾觀感會怎麼樣？
- 如果暢銷商店可以不開發票逃漏稅，一般商店觀感會怎麼樣？
- 如果政府官員不能勇於當責，民眾觀感會怎麼樣？
- 如果政府官員能勇於當責，擇善固執，民眾觀感會怎麼樣？

提問的背後，是好奇心

　　職場中當被主管交派任務時，我們往往「沒有問題」，這可能是最大問題源：不知道如何提問、怕問出蠢問題、不願意面對或思考問題等。動手找答案之前，先重拾你的好奇心。

　　兒童心理學家研究，小孩在二～五歲之間，大概會問四萬個問題，平均一天要問將近三十個問題。《遠見》雜誌 2014 年專題報導〈以色列，教育就是不一樣〉：「以色列的學校教育，老師鼓勵學生多問問題。孩子回到家中，媽媽關切的不只是分數，更關切的是孩子在學校問了哪些問題。這種習慣養成，讓學生長大後即便在社交場合，還是會喜歡抱著問問題的好奇態度，探索世界與理解他人。」

　　問問題背後這奇的態度，培養出獨立思考能力，更勇於挑戰真理，讓只有八百多萬人的小國，二十年內誕生了十位諾貝爾獎得主，更是創新不可缺的元素。遠見雜誌並報導以色列開創植物灌溉「滴灌」技術（Drip）的案例：

　　在路旁樹下或花叢間一條條黑色的水管，透過內藏的特殊塑膠片，水會從黑色水管中一滴滴流出來，直接供植物的根部吸收，一點也不會浪費流到植物旁的土壤裡。解決問題來自於提問力。台灣雨水充足，竟會常缺水是管理的問題。每年都會上演因缺水而休耕的事件，甚至上演搶水畫面。但這一切看在有七成土地是沙漠的以色列人眼中，實在難以想像。

問對問題，或可解決一半的問題

　　不論工作或是人生，只要拋出正確問題，便能得到理想答案，不致「做虛工」。透過「提問」，舉凡人際、工作、創意力、領導力，都將獲得大幅提升。

　　日本管理學者大前研一說：「對人生和工作而言，『提問力』正是最強的武器。」

　　賈伯斯的經典說服，便是 1983 年說服約翰 · 史考利（John Sculley）時所說的話：「剩下的人生，你是要賣糖水，還是要改變全世界？」賣糖水？還是改變世界？故事發生在 1983 年，蘋果電腦的賈伯斯，力邀百事可樂總裁約翰，希望他加入蘋果電腦團隊，共襄盛舉。雖然祭出優厚薪酬，遊說多時，約翰始終猶豫不決。直到賈伯斯最後提出了這句經典問句，終於說服約翰加入蘋果，擔任行銷職務，並且在八年內將營業額推升十倍。

　　相較於當時位高權重的約翰，可能不願意離開舒適安逸圈，畢竟有不確定風險，但聽聞賈伯斯提出，一起改變世界提出遠大夢想，找尋夥伴一起實踐，這種詢問對話溝通過程中，含有極大激勵的成分。

　　觀察周遭環境，重點在於留意「未滿足的需求」。訓練自己隨時隨地提出疑問，在問題中觸發新的洞察、連結、可能性方向，營造創造思考的環境。

金蘋果思維

好奇疑問，啟發創新思維

提出有意義的問題，答案就不遠了。在會議中精準提問，能激發創意，提升會議效率。面對顧客提問，可以了解顧客隱藏的需求、提高合作成交機率。

4.5

會說故事的巧實力—
溝通、行銷、激勵的說服力

　　故事可以訴諸人的感性，促進人們的想像力。人在聽故事的時候，都會自然而然地，用五感去想像！而想像這種行為，可以讓五感在頭腦內運作。

～高橋 朗

　　10 月寒露過後，已屆秋季的最後一個節氣「霜降」，深秋涼氣怡人。某公務部門單位邀約我講授「會說故事的巧實力」，讓我備感振奮，欣然受邀。雖然，說故事的這個主題，我已經講授十年，超過百餘場次，並出版五本說故事的相關著作，但因為這個公部門的主管非常有心，想要建立組織說故事的文化，並製作微電影宣導相關政策給民眾。因此我使命感格外深切，為的是盡一份心力，推廣台灣成為故事島。

當天課堂上約三十五人，開始聆聽故事時神情專注。開場時我跟大家分享：擁抱故事力，要先成為「對」的人。「對」的人就是「高感性、高關懷」，會具備五種特性：破冰、同理心、想像力、幽默感、正面思考。而這種人也是未來在等待的人才。課程透過三部分進行：

● 聽故事，啟動感性情懷。
● 說故事，分享行動改變。
● 寫故事，建立故事錦囊。

　　有鑑於他們的服務屬性，於是，我分享了一個曾經在遠見雜誌報導的相關案例：這是發生在台灣高鐵上的真實故事，真誠的服務是一種競爭力。

　　一名台灣高鐵的服務員某次在服務值勤時，在座位上看見一位中年男性乘客帶著他父親的照片一起搭車。後來，她發現這位乘客是為了替過世的父親，一圓生前無法搭乘高鐵的願望。

　　隨後，這位男性乘客向她點了一杯咖啡後，開始對著手上父親的照片念念有詞。於是她思索了一會兒，不急不徐端上兩杯咖啡，並對男子緊握的照片說：「這杯是您父親的熱咖啡，請兩位慢用、小心燙口。」

　　她在這名旅客淚流滿面的神情中，看見了感激。

　　接著，我定義何謂「故事」：故事＝事情＋心情。

　　故事是一個經過情感包裝的情境，也是英雄打敗敵人的冒險過程，為的是要使聽故事的人，能夠採取行動，解決問題，讓世界變得更美好。故事描繪現實與理想的差距。說出主觀期待與嚴峻事實之間，所產生的內心深沉糾葛與掙扎；英雄則是在克服困難過程，深思熟慮，運用有限的資源，判斷決策、採取行動。

　　英雄打敗敵人的冒險過程，有山谷有山峰的激盪起伏。就像中古世紀騎士唐吉軻德將風車視為敵人異想天開的征戰冒險、動畫電影《史瑞克》（Shrek）打敗噴火龍拯救古堡的費歐娜。我曾經觀看 2009 年皮克斯動畫製作的《天外奇蹟》（Up）電影，有歡笑、有深思、有淚水；在英雄打敗敵人的冒險過程，有山谷山峰的激盪起伏。

　　故事描寫一個七十八歲的卡爾爺爺，當他的老伴艾莉過世後，陷入無止境的憂傷孤獨心境。一天卡爾爺爺翻閱相簿照片，回憶兩人從年輕時結婚照，一直紀錄到彼此都已經白頭的幸福生活。而最後一張照片就是他們牽著手，坐在自己最愛的椅子上，艾莉在這張照片下方寫著「謝謝你這段旅程的陪伴，現在換你去展開新的冒險吧！」

　　這句話讓卡爾猛然想起艾莉生前總是夢想著到南美洲探險，但機會尚未來到卻已病逝。卡爾興起一股動力，重拾夢想，透過一間五彩氣球綁著的小屋飛上天空，想要完成艾莉的心願。沒料

到陰錯陽差的過程，認識了可愛胖嘟嘟的八歲亞裔小童軍「小羅」，因為小羅想要收集幫助老人徽章的天真，促動兩人在猶如親情互動的懷下，展開一場荒野的叢林冒險之路。途中並遇到一隻會說人話的狗狗「小逗」，和喜愛吃巧克力的稀有彩色巨鳥凱文，一起結伴同行。沒想到，竟遇到卡爾小時候崇仰的冒險家查理斯蒙茲。蒙茲為了向世人證明巨鳥的存在，打造了一艘飛行船，帶了一群惡犬，追捕巨鳥凱文，並追殺卡爾與小羅。

隨後，卡爾、小羅和小逗在與蒙茲的打鬥中，終於順利脫險，並將巨鳥凱文送回家後，兩人與小逗搭乘飛行船回家。劇情的結尾是在小羅的童子軍頒獎典禮上，卡爾親自把一枚「幫助老人」

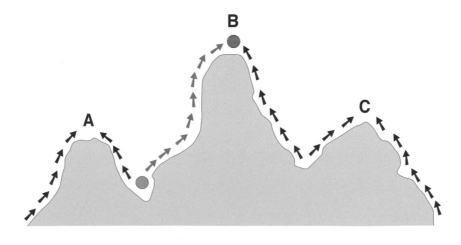

故事好比探險的旅程，或問題解決的過程─山谷山峰的轉折點

的徽章別在小羅的胸前，代表實至名歸。而卡爾與艾莉的氣球飛屋幸運地停留在仙境瀑布上，達成艾利生前的心願。

　　我看完電影的省思：人生即故事；故事即人生；人生要活對故事。只要有毅力與動力，即便銀髮蒼蒼，到老都可以為自己以及所愛的人，一起圓夢！

故事溝通的模型

　　聽故事的人對於故事會有三種不同的解讀形式，這也是霍爾（Stuart Hall）在 1973 年提出的見解：

- 優勢解讀（dominant reading）：聽者認同說故事人期望傳播的觀點。
- 協商式解讀（negotiated reading）：聽者對於說故事人傳播的觀點，採取部分同意、部分反對的方式。
- 對立式解讀（oppositional reading）：聽者不認同說故事人傳播的觀點，或重新加以解讀。

　　但無論聽者如何解讀，都是一個「瞎子摸象，各自領會」的深度學習過程。

　　隨著一個個故事的分享，學員漸次熱情投入、積極參與。因為在聽與說故事的過程中就像「跳探戈」。Let's Tango ，兩個人

故事溝通模型

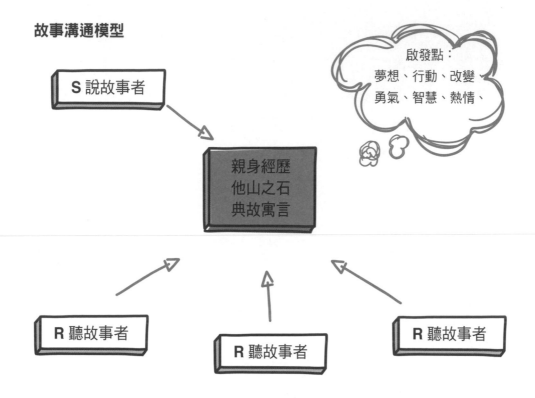

一前一後；一進一退，彼此磨合與回饋。「先說故事，再講道理」的互動，道理就是所謂的「價值啟發點」。讓左腦理性與右腦感性，兼容並蓄。

（1）聽出什麼？學習聽出故事傳遞的核心價值：學習聽出故事的「價值啟發點」，傳達想要表達的精神與態度。引導聽者與故事產生共鳴，對於情節或角色有感覺與想法。

（2）要說什麼？建立說故事的組織文化　我的故事─說給自己聽／寫給自己看；我們的故事─團隊成員／與顧客互動；組織

　　的故事─價值觀／最高領導的期勉。

（3）要怎麼說？說故事的三結構：說明人物與情境、描述衝突與
　　　問題、提出對策與價值。

　　金庸武俠小說，故事引人入勝，說得精采，即在於：人物刻
畫鮮明、情境舖陳清楚、情節起伏跌宕。

（1）說明人物與情境：英雄豪傑與奸臣惡霸的人物刻畫，不管
　　　是狄雲、血刀老祖、張無忌、趙敏、周芷若、成崑、謝遜、
　　　韋小寶、建寧公主、陳家洛、香香公主、令狐沖、楊過、
　　　郭靖、小龍女、喬峰、黃蓉、任我行、郭襄、歐陽鋒、東
　　　方不敗、滅絕師太等，性格描繪或木訥憨厚、亦正亦邪；
　　　或柔情似水、冷若冰霜；或邪惡暴戾、冷血無情；或自由
　　　洒脫、善良仁慈、巧詐應變；或磊落豪邁、優柔寡斷，皆
　　　鮮明深刻且栩栩如生。

（2）描述衝突與問題：在於情節起伏跌宕，也就是英雄與敵人
　　　互動的過程。克服敵人的過程就是歷經千重山、萬重水的
　　　艱難。過程越艱難，故事越精彩。如金庸筆下的《倚天屠
　　　龍記》六大派圍攻光明頂、《射鵰英雄傳》及《神鵰俠侶》
　　　裡華山論劍的橋段、《鹿鼎記》的韋小寶在皇宮冒充太監，
　　　周旋多方勢力，屢遇奇險，化險為夷的過程。

（3）提出對策與價值：聽完故事的啟發，各自不同解讀，像瞎子
　　　摸象過程，這就是故事隱喻玄妙的「深層學習法」。以金庸

　　武俠小說為例，各部小說或彰顯忠孝節義、大義凜然；或隱
喻繁華落盡、淡泊名利；或啟發堅毅不拔、苦學有成。

傳統說服 v.s. 故事行銷說服

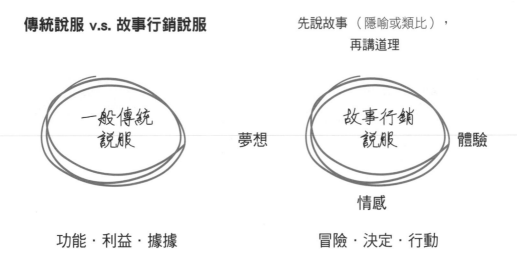

先說故事（隱喻或類比），
再講道理

一般傳統說服　　夢想　　故事行銷說服　　體驗

情感

功能・利益・據據　　　　冒險・決定・行動

　　在行銷 4.0 的虛實融合時代，每個人都在行銷，彼此都是潛
在的顧客。買單的關鍵力量，在於擁抱「故事力」激發的感性情
懷：傾聽、好奇、同理關懷、詢問引導，進而了解顧客「心靈體驗」
的路徑，才能將顧客轉換成品牌、理念的忠實擁護者。

掌握說故事的三個關鍵點—TTI

1. **引爆點** （Tipping point ）： 精簡開場， 90 秒內引人入勝，讓人有一探究竟的慾望。

2. **轉折點** （Turning point ）：細節與轉折，將個人情感與內心矛盾之處投射到故事。高潮跌起，拍案叫絕。

3. **啟發點** （Inspired point）：傳達想要表達的精神與態度，帶出自己的個性與信念，提供價值，令人深思。

金蘋果思維

建立說故事的共好文化

說故事的組織文化，不是一蹴可幾的。需要日復一日、周復一周、月復一月、年復一年。參考下列故事源：

● 工作中的一個獨特經驗 （產品、服務、活動、品牌等）。

● 與顧客溝通或銷售時的挫敗或成功經驗。

● 我與主管或團隊成員人際溝通的難忘經驗。

CHAPTER 5

主管言詞的訓練

影響力就是領導力

領導，就是真誠 領導力的三大關鍵：
- 將社會及其利益視為第一優先
- 需有同理心
- 須具備勇氣，鼓舞並激勵人心

～史丹福大學前校長／漢尼斯（John.L.Hennessy）

5.1

部屬抱怨處理—
Let's Tango ！解決事情，處理心情

主管面對部屬的負面抱怨時，先認知彼此情緒。

透過合宜的言詞，辨識抱怨徵兆，避免成員心態陷入「受害者循環」。

　　11 月中已過立冬，太陽還是俏皮的露臉，毫不吝嗇灑下溫暖。我受邀至某人壽保險公司講授「部屬抱怨處理」。學員都是電話行銷（Telemarketing）主管職級，不乏千禧世代或 Z 世代就要擔任管理部屬的經理人。在輔導部屬達成目標過程，要求每人每天要撥打八十至一百通電話，有望成交率約 0.5%。

　　部屬常挫折沮喪，抱怨連連，反映常遭對方掛斷電話、推銷名單不足、主管責難與改善等壓力。此外團隊建立過程，人際溝

通與衝突困境時有所聞，因此想要學習部屬抱怨處理，建立信任穩固的人際關係。

瞭解部屬為何抱怨？

部屬為何抱怨，無非是事情與人情。事情包括目標、組織、控制三方面：業績目標過高、資源分配不足、獎金與薪資未能符合期待、不認同績效考核結果等。人情包括溝通、授權與激勵三方面：人際關係不佳、與主管有心結溝通困難、無法獲得信任、團隊合作不良、部屬的管教無法突破、挫折容忍度不足等。

案例：部屬抱怨事項

66
- 目標訂定太困難達成
- 勞逸不均，資源不足
- 績效考核制度不嚴謹，無法汰弱存強
- 主管不重視我的意見
- 開會習慣性的遲到
- 電話代接干擾
- 薪資福利不佳
- 環境通道過於窄小
- 工作環境髒亂
- 加班頻繁
- 人際關係疏離
- 商品競爭力不佳
99

　　主管聆聽抱怨之餘，還要承上啟下，所以自己也是滿腹苦水與辛酸。請描述部屬的抱怨事項。

　　成功的主管，除了具備專業能力把事情做對外，更要透過冰山模型了解部屬的深層想法與感受。但往往迫在眉梢的工作壓力，會讓主管輕忽部屬抱怨的屬性：負面或積極的建議，進而錯失建設性的改進。

案例：抱怨事項陳述表：紀錄與部屬溝通的過程

事項陳述	PM 反映：PM 薪資計算與業務部門的應收帳款連結的不合理性，造成每月薪資浮動而不固定。
觀察出現的情緒	沮喪、無奈、不滿、氣憤。
對談過程	多次反映卻無法立即改善，情緒尚稱理智與平和。
部屬過往績效（能力與投入度）	過往能力尚佳、投入度高，本次事件顯見影響情緒，投入度起伏不定。
建議採行方法	PM 薪資計算與業務部門的應收帳款脫鉤。

　　主管面對部屬的負面抱怨時，先認知彼此情緒。透過合宜的言詞，辨識抱怨徵兆，避免成員心態陷入「受害者循環」。其次透過績效面談：傾聽、發問、回應技巧，解決部屬抱怨的事項，

導正行為。讓彼此勇於當責，培養高 EQ 情緒管理，建立「當責與共好」的文化。

抱怨處理的溝通原則：解決事情，先處理心情

說服是讓他人理解、相信並採取行動。首先認真的傾聽抱怨事情的原委，判斷抱怨事情的輕重緩急。接著開啟對話溝通的管道—說服、解釋、責備（指正），溝通過程考慮要素：觀察、解讀、心情、意圖、行動。溝通的口語表達可用：結論、理由、事實的敘事法，讓論點淺顯易懂。

主管輔導部屬過程，就是經歷情緒管理：辨識自己與他人的情緒：控制自己與他人的情緒。當情緒受到傷害，心中有揮之不

解決事情，先處理心情

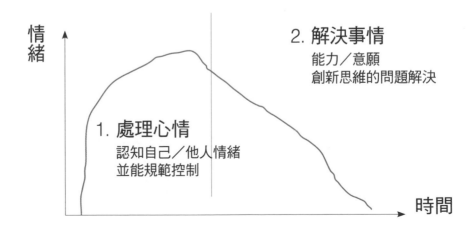

去的陰影時，需要修復，才能重新建立信任關係，稱為「復原力」（resilience）。一般我們認為「復原力」是在遭遇逆境後，重新振作起來。但愈來愈多的管理學者提出更精細的定義：復原力是適應複雜變化的能力。

朗・卡魯奇（Ron Carucci）2017 年在《哈佛商業評論》提到：復原力最強的領導人非常了解自己的強項、激勵因素（trigger）和信念，且常運用四項策略：誠實評估自己的技能、抑制胡亂發洩的壞脾氣、回絕不切實際的期望、能察覺自己態度不明確，並再度回歸誠實。

運用教練對話技巧，化抱怨為生產力

主管應辨識抱怨徵兆，避免成員陷入「受害者循環」的心態，而長期陷入受害者循環，會讓情緒變得焦慮。所以主管應引導部

教練對話步驟

66
- 訂定對話目標
- 探索行為影響
- 同理關懷情緒
- 理性分析觀點
- 改變不切實際的期待
- 增強達成目標動機
- 檢視行動效果

99

屬學習僵負面情緒化為正面動力。所謂「知恥近乎勇」，有成就動機的部屬，會有不服輸的精神，同時懂得欣賞、讚美他人的成功，如此團隊素質才能同步提升。

　　其次透過教練（coach）傾聽、發問、回應技巧，導正行為，勇於當責，生產力步步高升，創造卓越績效。教練對話是透過下列方式產生影響與改變。

職場中的幸福快樂學：

● 工作當成使命與職志（內心的呼召）。

● 從逆境中學習／面對／成長──你能改變。

● 選擇正向光明面，得到動能，珍視每一時刻。

5.2

主管合宜言詞訓練─
適切與指正，敢於責備與要求

主管如果沒有接受過領導力培訓，不知道恩威並施，以及權力的來源，當面對不受教的部屬，會變得：重話不敢說、好話不會說、最後乾脆都不說說。

7月份「小暑」節氣剛過，氣溫飆高，真希望午後下一場西北雨，消消暑氣。受邀至某企業進行「主管合宜言詞訓練」培訓，學員皆為主管職務。

有一學員反應，他擔任主管卻多次面對不受教的部屬當面嗆自己，這是一個二十八歲的部屬不服四十五歲主管的案例，這樣的場景發生在辦公室的當下，部屬情緒失控且咆哮主管，令自己的領導威信蕩然無存。可惜的是，當此主管往上呈報自己的主管與人力資源主管，卻得不到適切的輔導與支援，即便總經理知道，

也無法有效處理溝通。

　　部屬的負面情緒，會影響氣氛，降低工作士氣。主管承上啟下，自己也有迫在眉梢的工作壓力，有時不免對於部屬＂失去耐心＂，如果嚴詞要求，擔心部屬反感，最後落入團隊領導的困境。

（1）目標對話溝通，引導部屬承諾

　　主管領導的困境有三：

● 不會管─沒有接受領導力培訓，不知道方法與技巧。

● 不敢管─不知運用權力，不敢要求，甚至被迫得看部屬的臉色。

● 不想管─哀莫大於心死，心態漸趨於消極被動。

　　我提出目標對話溝通步驟（圖示），處理上述案例：

工具表單：目標對話溝通步驟

充分了解雙方期望	領導者的目標：建立和諧氣氛，創造績效 成員的考慮：自由自在，不要約束
分析實現目標 所需條件	資源：主管耳提面命／績效考核／心理諮商 客觀條件：缺乏授權，主管不敢管人 人員能力：情緒管控不佳，影響投入度
尋求解決途徑方法	主管面談／績效考核處理
尋求共同點	雙方的分歧：彼此認知的價值觀不同調
積極態度討論目標	表達立場與感受／限期要求改善（能力與態度）
尋求自身改進之道	領導者：領導力培訓／果斷決策／承擔責任 成員：創造存在價值／發揮影響力／情緒控制

（2）目標對話溝通步驟

● 充分了解雙方期望（領導者的目標與成員的考慮）

● 分析實現目標所需條件（資源、客觀條件、人員能力）

● 尋求解決途徑方法

● 尋求共同點（正視分歧）

● 積極態度討論目標

● 尋求自身改進之道（領導者與成員）

（3）主管言詞訓練的應用時機

　　不禁想起自己擔任業務主管時，動輒發脾氣，樹立威嚴。雖然業績成效卓越，但容易失去部屬的信任，阻絕部屬「向上溝通」的勇氣與機會。況且：發脾氣傷身；不發脾氣傷心。因為當時沒有接受過領導力培訓，不知道有比不發脾氣更好的領導方式，一但任務壓力降臨，原本看似溫文儒雅的個性，竟然情緒失控，斥責部屬，口不擇言，拍桌動怒。

主管言詞的應用時機

66
● 日常以身作則，言行合一

　● 變革時的價值觀宣導

　● 部屬抱怨處理：處理心情與解決事情

　● 開會的引導：做出高品質的決策

　● 績效考核：面談與回饋

99

價值觀的宣導—建立組織文化的領導力

　　成功的主管，除了具備專業能力把事做對外，還要透過「言詞訓練展現話語的力量」，了解、傾聽部屬，達到「部屬滿意，績效卓越」的領導果效。

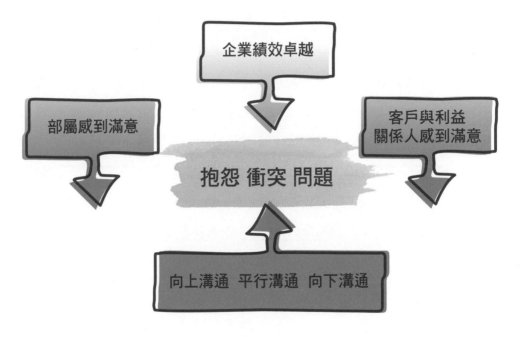

　　主管運用言詞訓練，宣導價值觀，建立組織文化：

● 故事或隱喻：先說故事，再講道理

● 激勵、肯定、讚美的話語

● 指正責備，敢於要求的話語

是舌頭惹的禍？還是心思意念驅使？

是舌頭惹的禍？還是心思意念驅使？

社會上，我們檢視政治領袖的言語是否充滿挑釁與霸凌？也會檢驗意見領袖與民嘴在暢所欲言之餘，到底是真知灼見還是搧風點火？職場間，主管面對迫在眉梢的工作壓力，是否也會口出惡言，言語霸凌員工？家庭中，夫妻爭吵醜話盡出，勞燕分飛，恩情難再？學校中，老師與學生是彼此問候，彬彬有禮，講求倫理，還是功利主義，銀貨兩訖的淡薄關係？

傷人言語六月寒，一句好話三冬暖。話語，帶著權威的力量。誠於中，形於外。舌頭惹的禍，其實是出於心思意念的驅使。《聖經》（雅各書 3：2-8）：「舌頭在百體裡也是最小的，卻能說大話。看哪，舌頭，最小的火能點著最大的樹林。」

王品集團創辦人戴勝益也曾表示，談話是一種溝通與互動，也是內在的一種呈現。說話的藝術，是讓雙方自在舒服，而非咄咄逼人。

舌頭為百體最小，既可推波助瀾，也可興風作浪。就像星火可以燎原一般，又像馬的嚼環驅使馬的行動方向。舌頭可以發出讚美、肯定、感恩與溫柔的言語；也可以說出毀謗、抱怨、惡毒與中傷的言語。

主管「合宜言詞」的訓練原則

　　主管如果沒有接受過領導力培訓，不知道權力的來源，以及恩威並施，當面對不受教的部屬，會變得：重話不敢說、好話不會說、最後乾脆都不說說。

　　《孫子兵法・行軍篇》：「諄諄翕翕，徐與人言者，失眾也；數賞者，窘也；數罰者，困也。」意即：低聲下氣對部屬講話的，表示主管失去人心；不斷犒賞士卒維持局面的，是團隊士氣低迷主管處於窘境；不斷懲罰部屬的，是團隊處境困難。

　　話語，帶著權威的力量，《聖經》（箴言 12：18）：「說話浮躁的，如刀刺人，智慧人的舌頭，卻為醫人的良藥。」活出話語能力的秘訣：先停止抱怨。化負面情緒為正面動力。當部屬犯錯，主管斥責他是很簡單的事。但是要學習如何責備指正部屬缺失，勇敢負起「指導」的責任，才能有效帶領團隊，邁向共好。

主管「言詞訓練」的說話原則

- 言行合一，以身作則。
- 重話委婉說，急話慢說。
- 氣話少說，壞話不說。
- 誠實，真心話多說。
- 敢於指責，勇於要求。

不敢要求的主管，會阻礙組織發展

- 唯唯諾諾主管不敢要求指正部屬，會阻礙組織發展。
- 阻礙部屬從錯誤中學習成長。
- 主管的帶人能力會遭受質疑。
- 只會當好好先生的主管，難以信任。
- 勇於當責的主管懂得指正，但不激怒對方！主管難為，言行合一、以身作則，才能贏得部屬尊重。

八種不傷感情，正面激勵的責備與指正

（1）如何指正，一錯再錯的「無反省部屬」？

原則：找出犯錯原因與對策，徹底執行罰則。

指正範例：

- 之前已經跟你提醒過多次，你知道犯錯原因在哪裡嗎？
- 你這樣的態度，會讓你變得更好嗎？
- 你要如何改善，讓我放心並相信你？
- 你如果無法限期改善，我會依照績效考核來執行

（2）如何指正，不說就不動的「消極被動部屬」？

原則：確認對方能力，給予明確期望與目標。

指正範例：

● 你有何想法，可以盡量說出來……

● 你能力很好，不發揮出來太可惜了。

● 你要多一些思考，這樣目標就會更有積極性。

● 我們一起設定年度目標和計畫吧！

（3）如何指正，推諉塞責的「責任轉嫁部屬」？

原則：反覆確認犯錯事實，讓部屬坦然面對。

指正範例：

● 如果其他人也這麼推諉責任，我們團隊會更好嗎？

● 這是你這種資深人員應有的水準嗎？

●當仁不讓、責無旁貸，是我們專業經理人基本的素養。

●承擔責任成為你的代表作，你才會成為耀眼的一顆星。

（4）如何指正，報喜不報憂的「隱瞞說謊部屬」？

原則：正面回應疏失，內部訊息透明化。

指正範例：

●你這樣的行為讓我為你擔憂，如果團隊因此而蒙受損失呢？

●你如果持續隱瞞的話，往後人格信用就會破產

●我希望你能夠有制高點思維看事情，才會思慮周全，好嗎？

（5）**如何指正，不得要領的「低成效部屬」？**

原則：給予明確指示，協助建立工作模式。

指正範例：

- 我先解釋給你聽、並做給你看；接著你嘗試做給我看，我會給你回饋。
- 我會請資深同仁協助你，建立工作的標準模式。

（6）**如何指正，從 A+ 退步為 A- 的「無動力部屬」？**

原則：抓準時機當頭棒喝，震醒對方責任感。

指正範例：

- 近來似乎有些心事困擾你？
- 不要因為一次挫敗就看輕自己，不要讓這些事情持續困擾你。

● 想想你以前創下的佳績，讓我們部門以你為榮。

● 你這樣的行為讓我為你擔憂，因為你是我很重視的幹部。

● 我原本想委以重任給你，有興趣擔當嗎？

（7）如何指正，年長資深的「前輩型部屬」？

原則：表現倚賴和尊重，激發部屬榮譽心。

指正範例：

● 為何紀律渙散而且業績一直衰退呢？我知道你沒有盡全力……

● 你前面的努力，難道不會白白浪費嗎？

● 你可以的，我相信你，多找我談一下會對事情很有幫助的。

（8）如何指正，堅持己見的「抗拒改變部屬」？

原則：持續商談，以成功事例令部屬信服。

指正範例：

● 之前依照著你的方式去做，顯然有很多盲點，你覺得呢？

● 目前我們的專案有時效性，做法是依據團隊會議的結論。

● 你也看到專案進行展現了成果，再不改變你的績效會無法提升。

　　而指正責備後的效果，取決於責備的程度：

　　程度 1：叮嚀般的責備，穿插在言談中。

　　程度 2：稍帶嚴肅地提醒，不用長篇大論。

　　程度 3：用嚴厲的口吻與態度，私下進行。

最後容我再說一句，懂得反省並成長的部屬通常具備以下三種特質：一是正面力量強，樂觀看待周遭事物。其二是誠實踏實，不推諉責任。最後則是坦然接受批評指正與責備。

指正資深部屬的心理準備

年輕主管不要擔心指正資深的部屬。首先願意以謙卑心態與年長者溝通，告知能力與投入度提升無關乎年齡。此外不要害怕暴露自己的弱點，慷慨地分享資源與整合意見，如果有需要可以請外部教練（coach）來協助自己。

5.3

━━

僕人領導與人際敏感度─
同理心，優化心理素質

領導力藍圖就是優化個人的心理素質，演一齣情緒管理的內心戲。將情緒轉變成為力量，即是人際敏感和心靈透視的能力。

白露時節，秋意漸起，陽光伴著微風，有一種甦活宜人的感覺。受邀於公部門講授「人際敏感度與面談技巧」，承辦人員告知課程講座目的是幫助同仁解決生活、人際及職場等問題困擾，維護其身心健康及組織溫馨關懷的工作情境，營造互動良好之組織文化，強化團隊向心力，進而提升機關整體競爭力。

沒想到當天開課時教室的投影機流明度不佳，早就不堪使用，導致投影效果黯淡。承辦人連忙表達歉意，告知雖已多次反映，但受限預算，故暫時無法更換。身為講師，我當下備感壓力，但

也隨機應變，試圖圓場，化解尷尬場景。

　　於是，我比喻今天投影機流明度不佳，呈現昏暗效果，就好比職場中隱而未現的問題，當問題浮現影響績效，就表示朦朧黯淡的效果，這時我們都需要有警覺性的敏感度（sensitivity），才能看清問題。

　　接著，我順水推舟，闡釋敏感度在於：善於察覺別人需要，能夠敏銳體貼他人；適當的人際敏感度，是有效人際溝通的保證。但人際敏感度過高，則可能在人群中感到不自在，與人相處時有著較強的戒備、懷疑和嫉妒心理，造成人際關係緊張。

　　當你對於人產生興趣，問題總可以觸及核心。你對於生活愈有興趣，你的世界就有愈多喜樂與成功。

　　僕人式領導（Servant-Leadership）最顯著的特質是「同理心」（Empathy），其次是「無私」與「謙卑」。人際敏感的學習緣於同理心。僕人式領袖鼓勵合作、信任、聆聽。嘗試瞭解與同理對方，接納與肯定成員付出的勞苦，並予以欣賞。

　　為增進人員敏感度，從情緒、人際及問題的覺察辨識，藉由僕人領導的傾聽與同理心，提升問題的處理及因應技巧。學習面談的方法與技巧，培養關注自我、關注他人、關注情境之人際敏感度。

為什麼需要敏感度？

不知不覺、後知後覺、先知先覺是人際敏感的三個層次。主管需要敏感同仁的情緒反應、人際互動關係、以及同仁對於部門價值觀認同危機。

所謂居安思危、洞燭先機、見微知著、消弭無形，在情理法的規範下，人人都要有高度的成就動機，扮演好自己的角色，人人都要有心建立「樂在工作、愛在生活」的文化。

（1）人際敏感的辨識徵兆

2010 年某電子大廠發生員工連續跳樓自殺案件、2012 年 10 月，某員工遭不當減薪降職，罹患憂鬱症，公司判賠 237 萬！許多類似案件屢見不鮮。

主管與員工的都須培養敏感度。其目的在於：居安思危、洞燭先機、見微知著、消弭無形。主管與員工可以彼此幫補，協助解決事情與心情。下列徵兆是人際敏感的辨識方向：個人心理困擾、紀律渙散，投入度低、違背職場倫理的行徑，如出言不遜、違法亂紀、不平則鳴的投訴、憂鬱傾向或自我傷害、暴力攻擊、嚴重財務或物質依賴。

（2）人際敏感的處理重點

　　心理學家研究人類有四大需求：需要肯定、歸屬、安全與成就。
透過辨識問題、面談輔導、追蹤轉介、解除危機等步驟，化解抗拒。

　　辨識問題包含：工作適應、人際困擾、生涯發展、感情婚姻、
精神疾病、成癮行為等；追蹤轉介包含： 教育服務：壓力調適、
心理健康推廣、人際技巧訓練、資遣者再度就業準備等。

人際敏感的處理重點

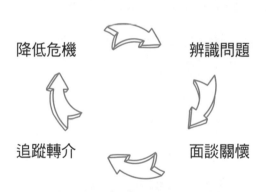

降低危機　　　　　　　辨識問題

追蹤轉介　　　　　　　面談關懷

（3）面談回饋技巧─現況、感受、想法、改善

描述：陳述具體的事實或觀察到的現象。

感受：描述你對部屬工作造成影響的情緒。

後果：闡明會出現的影響結果，並詢問其想法。

行動：請他提出改進建議，以及採取具體行動。

案例：

Allen，過去一個月，我察覺你周報告有 20% 是遲交的。（描述）

這種現象，讓我讓我無法諒解，不知是否需要協助？（感受）

因為整個課級，你的遲交使得我們無法達成進度目標。（後果）

我希望你先寫好改善計畫，每週面談解決你落後報告的績效。（行動）

（4）部屬接受回饋的原則

● 釐清主管給予回饋的內容：詢問、摘要簡述，確定沒有誤會上司的意思。此外，也問問別人，綜合大家的意見，先挑出自己能夠改變的部份加以努力。

● 別忘了聽進讚美：被批評的與讚美的都要聽進去。

● 自我（或他人）監督：把有壓力的挑戰分成可管控的短期目標，

積極回饋的技巧

合力改善　　描述現況

詢問想法　　表達感受

鞭策自己維持在軌道上；正確的心態調整，為自己打氣，讓努力被看到。

　　不知不覺、後知後覺、先知先覺是人際敏感的三個層次。主管需要敏感同仁的情緒反應、人際互動關係、及同仁對於部門價值觀認同危機。在情理法的規範下，人人都要有高度的成就動機，扮演好自己的角色，並鼓勵同仁要有心建立「樂在工作、愛在生活」文化的共識。而上述的案例，可由行為表現的冰山來探究。

用心傾聽的學習與尊重

66
- 目光接觸
- 表情感興趣且專注
- 有耐心不要打斷談話
- 忠於對方所談話題

- 提出問題
- 聽出弦外之音
- 識別中心問題
- 適時做筆記
- 提供回饋，深層交流

99

　　薩提爾（Virginia Satir）的冰山理論，是將人的內、外在，分成水面上和水面下兩部份。水面上的是行為／行動，水面下則是情緒、觀點（信念與價值觀）、期待、渴望等。若主管想了解部屬，可解讀情緒、觀點、期待、渴望四個區塊，這也是人際敏感的探索重點。

　　渴望是關於尊重、愛人與被愛、自由與接納的需求。期待則是具體的實踐方法成就動機是心態轉變的驅動力，會決定工作的苦與樂。招募「對」的人上車─除了能力，還要成就動機。

　　觀點是信念、想法與價值觀的認可，認同組織價值觀，是量才適性的重要考量。因此人格特質是能力衡量外的重要招募因素。

案例：探索行為表現的冰山

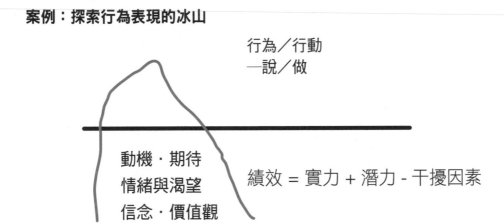

行為／行動
─說／做

動機‧期待
情緒與渴望
信念‧價值觀

績效 ＝ 實力 ＋ 潛力 - 干擾因素

金蘋果思維

你對於人有興趣嗎？

「花花轎兒，人抬人」這句話是出自高陽所寫的長篇小說《胡雪巖》。「專業是利刃，人脈是秘密武器」。當你對於人產生興趣，問題總可以觸及核心。你對於生活愈有興趣，你的世界就有愈多喜樂與成功。

CHAPTER 6

顧客關係的經營

感心服務，終生價值

「服務他人，是你住地球應該付出的租金。」

～拳擊手／穆罕默德・阿里（Muhammad Ali-Haj）

6.1

▬

受歡迎？還是受尊敬？
除了聳動，還要感動！

我們想成為令社會大眾尊敬的好公司。有使命感且有利社會的企業，將活下來，且欣欣向榮。

～優衣庫（Uniqlo）社長／柳井正

1986 年某軟片廣告「它抓得住我」，透過男演員一連串快速的貫口台詞，凸顯軟片特點─再快的瞬間，也抓得住你。金句琅琅傳誦，成為經典，但三十四年後的今天，人們已越來越不易被抓住了。

數位網絡年代，當人們的平均專注力只剩八秒，甚至比金魚還要短。試想當 5G 、AI 、IoT 陸續登場，賣家又怎麼抓得住消費者瞬息萬變的心思呢？

行銷、廣告講求的是不斷追求 Big idea 創意點子，運用沒人

想過的方式改變世界、延續可長可持久的討論。創意 Big idea ！橫空出世並不難，然而「受歡迎，並不代表受尊敬」，背後隱藏著是「價值觀」。創意的價值觀，是否可讓我們邁向更好、共好的明天呢？

「我看見疼痛，你重現笑容－擊退兒虐，我 OK 你一起」，這是 GRANDI 格帝集團與家扶基金會聯手發起社群挑戰，也善盡 CSR 企業社會責任。

《動腦》雜誌訪問格帝集團行銷長曾秀如，她分享本次社群活動的策略思維。做任何創意前，都要對目標對象深入洞察，再創造可以想像的圖文影像形成視覺衝擊，最後再善用 UGC（使用者創造內容）發起社群挑戰，進而達到社會對兒虐議題的重視。

除了聳動，還要感動！

數位網路年代，網紅、部落客、直播主、開箱達人等，人人都在行銷。行銷溝通是必然，卻也不乏走火入魔，出現「受歡迎，卻不令人尊敬」的現象。媒體的套路愈來愈辛辣，主持人的慫恿，名嘴的聳動言論，才有收視率、吸睛能見度。

粉絲團的鍵盤俠，身居斗室也可影響天下，左右網友的情緒與認知。政治上也頻見大內宣：各層級領導人的推特訊息、網軍

治國、小編治理、網紅廣宣、梗圖酸言酸語。殊不知執政「不患人之不己知，患不知人也」：不需要擔心百姓不知道自己的作為，而花費大筆金錢過度包裝，做文宣廣告；卻應該擔心是否知道百姓的心聲？懶人包和圖卡或許可以快速一目瞭然，卻也容易輕易驟下結論，形成偏見。

學者指出吸菸和吸毒的成癮，是因大腦的分泌物：多巴胺（dopamine），傳遞興奮與快樂信息。當過度看重社群媒體的肯定與貶損，其成癮的原因，也如出一轍。政治人物仰賴社群媒體的聲量包裝，更會加劇傷害民主政治走向對立與偏激化。

行銷創意「除了聳動，還要感動！」，秉持良知與同理關懷，才能令人尊敬。我曾受邀為《黏力，把你有價值的想法，讓人一輩子都記住！連國家領導人都適用的設計行為學》一書寫推薦序，這本書提出「黏力創意」是幫行銷概念產生黏性，而黏性是人們會理解並記得你的概念，讓概念發揮長遠影響，乃至於改變受眾的想法和行為。該書提出讓概念「產生黏性」的六大原則：簡單、意外、具體、可信、情感和故事。

我對於這六大原則解讀如下：
- 「簡單」代表 Zoom in 聚焦，有獨特觀念或賣點。
- 「意外」是能激起好奇心與注意力。
- 「具體」是言之有物，促動感官體會。
- 「可信」是代表數字、憑據與佐證（在假訊息充斥的年代格外

創意的黏力法則

諷刺）。

- 「情感」是感性與同理；如果再透過「故事」行銷，更能啟發行動 的力量。

- 「故事」是描述特殊事件的情感經歷，為使聽的人產生啟發與行動。

　　點子就在萬事萬物中，如果產生黏力，就會讓人一輩子都記住！ 2013 年有兩部微電影「記憶月台（Mind the gap）」及「不老騎士」，以「故事行銷」為主體，都產生了強大的情感連結，且創造熱門話題不斷。此外，2019 台灣燈會在屏東舉行，主辦單位運用巧思，讓無人機在空中排出各種圖案，以取代傳統燈會的施放煙火，既創意又環保，令人驚艷，話題討論的熱度持續不

斷，彷彿有了黏著性。 2020 年，疫情因素讓日本時尚品牌優衣庫（Uniqlo），思考注重永續與社會責任，不再只以高業績成長為經營目標。他們為了「門市即公園」的理念，日本門市開始賣花、賣書，且橫濱店設攀岩設施，提供遊樂小 設施。社長柳井正力圖從服飾商轉型為「社會基礎設施」（social infrastructure）。

上述所舉的三個案例，或可符合「黏力創意」的部分原則。

在現今凡事追求速度的年代，行銷創意不免激發人性更多慾望，但推銷的商品服務到底是需要（need）還是想要（want）呢？當物慾橫流，精神卻匱乏時，人們是焦慮多，還是快樂多呢？近年來國外多所頂尖大學最暢銷的選修課，竟然是「幸福快樂學」。創意的人生，要秉持良知與同理關懷，才能活出「除了聳動，還有感動！」

點子，就在萬事萬物中
壯士橫刀對比美人挾瑟，陽剛與陰柔並濟；詩人再寫「乾坤容我靜，名利任人忙」，彷彿世事洞明，隨心所欲不逾矩。沉潛，才能體會人生的箇中深意。

6.2

——

抱怨變商機，客訴變黃金——
顧客抱怨背後，隱藏一份期待

　　遭受服務疏失而產生不滿的客戶，可能會選擇提出抱怨，或靜默沒有提出抱怨，卻會與我們拒絕往來來表達不滿。

　　從正面角度思考抱怨價值，才能把客訴、抱怨的危機變轉機，轉機成商機。

　　我多年講授「服務行銷與顧客抱怨」課程，更深體會「服務是一種熱情的召喚」。台灣經營之神王永慶早年賣米的故事，家喻戶曉：當時稻穀加工技術落後，出售的米裡混雜著秕糠、砂石之類的雜物，買賣雙方都是見怪不怪，王永慶卻細心地將夾雜在米裡的雜物撿出來……。

　　此外，送米給新顧客時，細心詢問多少人吃飯、每人飯量如

何、發薪水的日子等資料，彷彿大數據管理，寫在本子上。預估客人吃米將盡時，主動將米送到客戶家裡。他還會先將米缸的舊米倒出來，將米缸刷乾淨，最後將新米倒進去，舊米放在上層，如此舊米不至於放置過久而變質。他這些小小的舉動，讓顧客由驚訝轉為驚喜，也說明了顧客關係管理真諦─了解、關懷並重視顧客。

多年前一個週六早晨，我和太太計畫前往生態公園一遊。出發前先在網路搜尋到一家風評不錯的餐廳，位於附近，於是計畫先用中餐，再至生態公園逛逛。順利抵達餐廳，座無虛席。看了菜單，價格偏中高檔次，其中西班牙海鮮燉飯 680 元（外加 10% 服務費 ），服務員告知兩人可吃飽，於是豪邁的點了將近兩千元左右餐點。

不久，服務員先端上了濃湯與麵包，慢慢品嚐後，開始等待西班牙海鮮燉飯。無奈左等右待，已過四十五分鐘，只聞樓梯響，不見餐點來。我按耐不住情緒，想要詢問服務員，妻子卻嫌我躁進，略顯不悅。兩人已尷尬不歡，我再等了五分鐘餐點還是不來，火氣已經升到頂點。於是不高興地詢問服務員，他面色淡然解釋廚房現做，還要等五至十分鐘。這時我因飢腸轆轆，怒火中燒，索性跟服務員表示無法再等待，決定先行付款離開。這時服務員才略為表達歉意，告知濃湯與麵包就算招待好了。而我和妻子離開後，因為此事不歡而散，最後兵分兩路：我獨行至公園懺悔，

妻子自行回家。

　　事件過後，我除了自責未能梳理情緒，完善收場。也思考商家如能善用 5W1H 確認服務疏失，並配合「服務補救」三個公平原則，讓客訴變改善。

5W1H 搜集資料，確認服務疏失

　　服務品質（service quality）是「期望與感受」之間的落差。因為網路對餐廳的佳評以及價位檔次，讓我事前產生高度期望（expectation），但實際感受（perception）有落差，所以對於服務品質感到不滿。此外，等待過久問題一直無法解決，我飢腸轆轆，認為生理與心理已經受到損失。服務員不夠體貼的回應，造成夫妻兩人當下齟齬，最後不歡而散，則是壓垮駱駝的最後稻草。至於 5W1H 可釐清客訴事件，包括：

What：顧客抱怨的是什麼事？

Why：為什麼這件事會發生？

Where：場景在哪裡？

When：顧客的火氣與拖延的時間成正比！

Who：買賣雙方的當事人、抱怨的顧客

How：面對怒氣沖天的顧客，如何溝通？

若呼應上述案例：

What：主菜海鮮燉飯超過四十五分鐘，沒有上來。

Why：服務員解釋因為廚房現做，還要等五～十分鐘。

Where：公園附近某餐廳／廚房。

When：時間的拖延四十五分鐘，與顧客火氣成正比。

Who：生氣的顧客張先生，與服務員的對話。

How：當面對怒氣沖天的顧客時，服務員面色淡然，並無表達歉意。

服務補救：互動公平、程序公平、結果公平

　　消費者對於企業品牌的認識，除了來自於廣告文宣，另一個來源就是親身經歷。賣方的前線或後勤人員當與顧客接觸，一言一行都會留下深刻印象，這就是「品牌大使」的印象。因此人人無形中都在扮演品牌大使的角色，但難免在過程中有服務的疏失，則稱為「服務失誤」。

　　亡羊補牢，為時未晚。服務補救是服務失誤時的補救措施，進而創造忠誠顧客的好口碑。服務補救有三個公平原則：互動公平、程序公平、結果公平。

（1）互動公平

　　互動行為包括；有禮貌、關懷及真誠的態度。讓顧客覺得我們真正想傾聽顧客的心聲，並以同理心表達「我瞭解你的感受，

我很關心你，我可以體會你的不幸」。但員工必須接受訓練，才能在撫平顧客情緒之前，先調適平息自己的情緒。

此外，第一線員工，如沒有充分合理程度的授權，被顧客挨罵時，心裡感受的挫折委屈，不比顧客少。

（2）程序公平

承前述討論：顧客為何沒有提出抱怨？其中有一項是過程太過於繁瑣。因此程序要力求簡單、迅速與易懂。過程如果過於繁雜，顧客必定感到不公平。程序是清楚告知處理程序需花的時間及如何處理，難免遇到存心欺騙不良份子，公司必須主動深入調查、發現真相。

（3）結果公平

顧客抱怨服務後，希望獲得相對的補償。常見補償方式：退款、退貨、退回差額、提供修理服務、其他具體賠償承諾。如欲讓顧客有選擇權，也可讓顧客自行選擇補償方案。

權衡補償結果時，包含實質與無形補償；無形方面例如賣方是聲譽損失，買方則是心裡感受。買方的心裡認知感受，會影響到忠誠度。如感到結果公平，會繼續成為忠誠客戶，反之「一朝被蛇咬，十年怕草繩」。

客訴變商機，抱怨換現金

東京新宿創投公司，販賣客訴。先在網路募集會員，收集日常生活抱怨的事項，當作珍貴資產。他們對於負面的不滿，進行

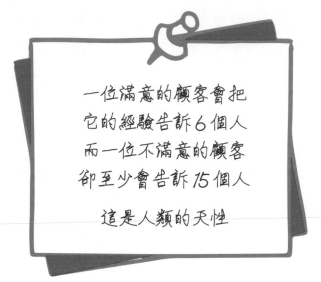

一位滿意的顧客會把
它的經驗告訴 6 個人
而一位不滿意的顧客
卻至少會告訴 15 個人

這是人類的天性

購買，再往下挖掘這些不滿背後的商機，對企業很有幫助。例如：
瓶蓋的蓋子太難打開、餐廳服務員對菜單一問三不知、媽媽載幼
童的電動單車很容易爆胎；或者煤油暖爐器可否開發春夏季的市
場等。集滿五十條客訴，創投公司用台幣 130 元購買。兩年下來
收集了七萬則客訴，分門別類，再賣給三百家商店和企業。這就
是挖掘客訴，激發靈感的另一種思維。

　　遭受服務疏失而產生不滿的客戶，可能會選擇提出抱怨，或
靜默沒有提出抱怨，卻與我們拒絕往來來表達不滿。從正面的角
度思考抱怨的價值，並發展有效分類與應對方式，才能把客訴、
抱怨的危機變轉機，轉機成商機。但無論如何，顧客不滿意背後

的抱怨與否，都隱藏著一份期待。

感動服務，從心做起—「以客為尊，員工優先」服務文化

● 對人感到有興趣—瞭解、關懷並重視。

● 每個人都是企業（組織）的品牌大使。

● 建立制度化客訴處理 SOP —滿足顧客的需求。

● 廣義的顧客定義：內部顧客（員工與股東）與外部顧客（購買我們產品與上游供應商等協力支援）。

● 打造服務獲利的環境：有快樂的員工，才有滿意的顧客。

● 服務行銷是全員動起來。因為從研發、製造、銷售推廣、財務稽核、安裝維修、客服關懷等傳遞過程，都是關鍵時刻。

● 當全員都有「服務心」，可以幫我們關注顧客反映的問題：品質、產品功能、人員服務態度、維修能力、交期與價格等。

● 樂在工作，提供 WOW ！的感動服務，並在品質良好基礎上，創造顧客滿意並忠誠。

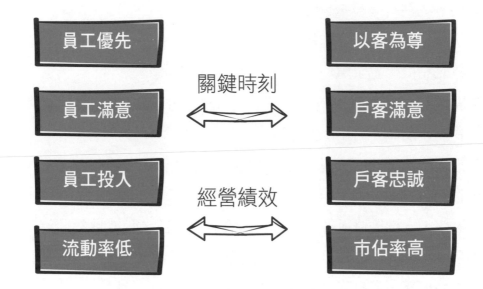

金蘋果思維

服務失誤，仰賴服務補救

服務失誤是顧客覺得公司應該做好，但卻沒有做好的情形。服務失誤無可避免（內部人員、無法控制的外在因素），服務失誤的補救，可以成為日後成功的基石。

記取每次服務補救的經驗教訓，做為產品、價格、交期與人員態度等的改進方向。

6.2

——

顧客導向的銷售談判—
談破、談和、雙贏？

共存共榮的銷售談判，在於能深入了解客戶，並以積極態度承受，談判過程中客戶對我們的種種考驗。

多年前我擔任產品行銷經理 PM，負責代理行動電話。當時 1997 年某日系品牌廠商推出 GSM 單頻手機，具有飛梭按鍵獨特功能，但因為當時是由歐洲廠商代工設計，機型方正並不討好，且價格定位過高。但供應商廖經理笑容可掬、親切和藹，不給我壓力，讓我能先下小量訂單 Try order 試銷，並展現誠意，配合報紙媒體的廣告行銷。於是終於說服我方，展開初步合作。

無奈後來市場反應不佳，經銷商接受度不高，於是廖經理更與我一起虛心合力檢討行銷策略，市場重定位，通路慎選主力經

銷商，終於漸有起色。三年後日方調整產品與市場策略，再發表
中文化雙頻手機，因為已有先前良好合作經驗，於是台灣市場委
由我們獨家代理，也促成新機型的深度合作。

　　當談判建立互信基礎，可加強長期合作的雙贏利益，介紹一
種「得寸進尺法」（Foot-in-the-door technique）：[1]

銷售談判是一種價值交換，了解人性的過程

　　談判（Negotiation）的目標是要打破僵局，解決歧見，以獲
得個別或集體利益。談判參與者對彼此的信任程度，是談判是否
成功的關鍵要素。談判並非零和；倘沒有合作空間，談判將破局。
銷售的買賣雙方，各自展現的價值，就是「談判籌碼」。

　　上述案例的談判框架：

● 對方目標、我方目標、底線（最佳替代方案）、利益關係人、
　籌碼。

● 對方（賣方）目標：先腳踏進來（foot-in-the-door），建立與買
　方的信任。

---

1 得寸進尺法又稱作：登門坎效應。是賣方先提出一個簡單的小請求，進而說服買方
同意一個較大請求。這種「連續漸進」特點在於：如果向買方提出小的請求或行為越
多，買方越有可能按照計劃的方向轉變態度、行為，並漸漸累積籌碼，請君入甕，促
成與買方自然而然的成交。

- 我方（買方）目標：強化現有代理德日系品牌系列，爭取廠商廣告，強化我方代理的形象曝光度。
- 底線（最佳替代方案）：不要有量壓、操盤不要虧本。
- 利益關係人：我／我方主管／賣方廖經理／賣方日本部長。
- 籌碼（我方資源：時間／ XXX 家通路優勢／品牌形象／資金無虞／了解市場情報。

銷售是一種價值交換，了解人性的過程

買方　　　　　　　賣方

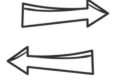

買方	賣方
對的人	關係力
需求／時機	談判力
預算	計畫力
決策	簽約力
問題回饋	服務力

產品與服務的解決方案 →

← 合乎盤算的利益報酬

銷售循環就是一種談判過程：建立信任、守住立場、雙贏共識

　　談判可應用在商業、銷售、國際紛爭、非營利組織、政府機構、家庭婚姻、孩童教養等，藉由雙方提出立場，以達成共識。如商業併購、合約簽訂、人質交換、糾紛協商、工會談判、代理權爭取、銷售議價等。

　　銷售循環就是一種談判過程，每次都能獲得階段的承諾，建立信任，為成交做準備。

● 建立信任：初次交流要了解拜訪公司背景，設定訪談主題，創造融洽氛圍。

● 探詢需求：透過詢問與傾聽方式，獲取關鍵資訊，找到痛點需求。

顧客導向的銷售談判

階段承諾　　　　　　　　　　　建立信任

　每一次的談判
都要累積信任

提出建議　　　　　　　　　　　探詢需求

- 提出建議：陳述我方產品的獨特賣點、益處與效用，激發客戶強烈興趣。
- 階段承諾：爭取客戶認同產品服務，判斷成交的最佳機會，引導客戶自然而然做出成交決定。

銷售談判的三種攻防—談破、談和、雙贏

　　銷售是一種價值交換的過程。鷸蚌相爭的寓言啟示：銷售過程中，買方與賣方就像鷸蚌相爭，這說出身為業務人員的迷思。當賣方像那隻鷸鳥，只考慮到自己的立場與利益，專注於自家產品的推廣，攻擊對手產品，急於想要取得客戶的訂單（鮮美多汁的蚌肉），卻沒有思考顧客的利益與立場。這時顧客就像那隻河蚌，產生反感和壓力，也會盤算，抱持懷疑與不信任的態度，進而雙方相持不下，無法營造有意義的對話，遑論達成銷售。

　　善用談判的三種策略：

- 談破：迴避、競爭
- 談和：遷就、妥協
- 雙贏：合作

　　談判是尋求互助的過程：談破是為了談和；談和是為了雙贏。過程中要關注彼此的目標，是否慢慢達成。此外傾聽的技巧代表尊重，也是突破。雙方可權衡逐條細談，還是包裹總括討論的利與弊，比較容易達成共識。

迴避	根本微不足道、有更重要的事、需要冷靜下來、需要更多的時間來權衡利益。
競爭（壓制）	時機緊迫，必須果斷行動、立場原則之爭、攸關整體利益或其他的方案都無效。
遷就（順服）	和諧比分裂重要、當議題比對我方還重要時、藉較小讓步換取未來更多利益。
妥協	勢均力敵時，為顧全大局、達成主要目標更重要，值得浪費力氣在次目標。
合作（雙贏）	尋求共同學習、雙方利益都很重要也不能妥協、用長遠合作融入共識決策。

六種有效談判技巧，獲取階段承諾

● 漸進式成交法：做好種種鋪陳，步步引導客戶進入銷售循環。

● 富蘭克林成交法：一一列出優缺點分析，誠懇幫助顧客做出正確決定。

● 銳角成交法：借力使力，將反對意見轉換為購買理由。

● 忽視成交法：客戶提出的意見涉及面太廣，技巧性地忽略。

● 假設成交法：積極假設客戶的地位、正確購買與決策能力。

● 保留餘地成交法：不要把自己籌碼一次用完。

　　客戶拒絕等於給我們的挑戰，反敗為勝機會就在其中。共存共榮的雙贏談判，在於建立長久的合作關係。能全面深入了解客戶，並以積極態度承受談判過程中，客戶對我們的種種考驗，將是建立信任的最好基礎。

談判的底線：原則與立場

《聖經‧創世紀》第18章記載亞伯拉罕與耶和華（神）談判的情景：神向亞伯拉罕透露，祂將要毀滅兩座罪惡城市：所多瑪和蛾摩拉。因為這兩個城市充滿了邪淫與罪惡。摘錄原文經節如下：

亞伯拉罕近前來，說：「無論善惡，你都要剿滅嗎？假若那城裡有五十個義人，你還剿滅那地方嗎？不為城裡這五十個義人，饒恕其中的人嗎？將義人與惡人同殺，將義人與惡人一樣看待，這斷不是你所行的。審判全地的主豈不行公義嗎？」

耶和華說：「我若在所多瑪城裡見有五十個義人，我就為他們的緣故，饒恕那地方的眾人。」

亞伯拉罕說：「我雖然是灰塵，還敢對主說話。假若這五十個義人短了五個，你就因為短了五個毀滅全城嗎？他說：我在那裡若見有四十五個，也不毀滅那城。

亞伯拉罕又對他說：假若在那裡見有四十個怎麼樣呢？他說：為這四十個的緣故，我也不作這事。」

亞伯拉罕說：「求主不要動怒，容我說，假若在那裡見有三十個怎麼樣呢？他說：我在那裡若見有三十個，我也不作這事。」

亞伯拉罕說：「我還敢對主說話，假若在那裡見有二十個怎麼樣呢？他說：為這二十個的緣故，我也不毀滅那城。」

亞伯拉罕說：「求主不要動怒，我再說這一次，假若在那裡見有十個呢？他說：為這十個的緣故，我也不毀滅那城。」

耶和華與亞伯拉罕說完了話就走了；亞伯拉罕也回到自己的地方去了。

從上述亞伯拉罕與耶和華（神）談判過程中，不斷爭取談判籌碼：從假如存在五十個義人開始，先從「義人」不該被毀滅的原則開始，接著一直祈求耶和華能降低饒恕標準：四十五、四十、三十、二十、十個義人，詢問與爭取至少六次。

最後結果，我們知道這兩座罪惡城市連十個義人（公義正直的人）都沒有，於是耶和華神將硫磺與火，從天上降與所多瑪和蛾摩拉，把那些城和全平原，並城裡所有的居民，連地上生長的都毀滅了。

我們從上述案例，再歸納談判過程如何拿捏原則與立場（底線）。

● 設定議題與目標。

● 提議與建議。

● 協議、討價還價─軟硬兼施（與對方角力，探知彼此立場與底限）。

● 妥協或交換條件（勝者全拿、兩敗俱傷、迴避、遷就、各取所需、雙贏合作）。

● 同意接受條件／總結、達成階段共識。

金蘋果思維

談破是為了談和，談和是為了雙贏
汲取被拒絕的經驗，才有成交的機會。銷售談判是挖掘顧客，藏在拒絕背後的隱情。反對意見往往是成交的前奏。委婉清晰解釋，取代和客戶爭論，反敗為勝機會就在其中。

CHAPTER 7

專案管理的人生

以終為始，說服自己

敲開幸福這扇門，打開快樂那扇窗。

啟動第三新人生，世代溝通新模式。

共讀文化眾樂樂，重塑學習心智慧。

7.1

—

共好人生的專案管理—
敲開幸福門，打開快樂窗

共好的人生，更是重要的專案管理。

在有限的時間內，運用資源與人脈網絡，依循「真善美」價值觀，完成一個任務目標：智慧工作，健康生活，友愛環境。

歲末年終時節，受邀於扶輪社讀書會，導讀分享我的著作《共好，從當責開始--思維不翻轉，結局就翻盤》。當天室外細雨霏霏、寒氣逼人，室內卻是熱情洋溢、充滿暖意，因為學員們皆帶著旺盛的學習精神參與讀書會。

當天講題以「共好人生，樂在生活」為主軸。首先開場，我分享寫作本書的動機，緣於 2015 年看到一張令人心痛的照片——一個三歲敘利亞小男孩艾倫的浮屍，躺臥在海灘上。故鄉飽受戰火摧殘的艾倫（Aylan Kurdi），隨著父母穿越地中海往歐洲的途

中，成為死亡的 2500 名難民之一；一個天真無邪的孩子，在月光柔和的晚上，應該躺臥在溫暖的床上，卻伏屍在海灘上，不禁讓世人揪心落淚！輿論形容這景象是「人道主義被衝上了岸」，難民危機敲響人道主義警鐘。令人心痛的是小艾倫去世五年後的今天，每天仍有無數難民在試圖穿越地中海的過程中喪生或失蹤，而世間的戰爭也仍不曾間斷。

「心痛才會心動；心動才會行動」。當世界又亂、又熱、又擠；唯有「利他、分享、合作」，才能「共好」。共好，在「情理法」的環境下，追求利益關係人的最大福祉。有感於這則新聞，加上近年觀察世事變化，我綜合分享三點：

● 敲開幸福這扇門，打開快樂那扇窗。
● 啟動第三新人生，世代溝通新模式。
● 共讀文化眾樂樂，重塑學習心智慧。

　　幸福需要感受，快樂需要練習！

小時候，快樂很簡單。例如：拉著爸爸的大手央求買菠蘿麵包、吃著巨響一聲剛出爐的爆米花、收到隔壁小女孩的卡片、聽媽媽吹著小口琴；爸媽關愛，朋友喜愛，世界之門為我而開，笑口常開，天天開心。

年歲漸長，驚覺，簡單就是快樂。幸福快樂，原來是與痛苦際遇的反差感受。相對於上述地中海的小難民悲慘際遇，我們在

這塊土地上安居樂業，何其有幸。如能從中反思，體驗助人，承擔責任，或許更能感到快樂幸福。

人生好似「鋼索上的小丑」：小丑耍玩著五顆球──信念、家庭、人際、健康、成就，時刻戰兢地維持平衡，深怕球會掉落。似乎只有稱職完美演出，取悅觀眾，才能優雅謝幕，卻也承擔完美的壓力。

第三人生，再度燦爛──一起變老、變好，是一種智慧

哈佛大學近年最受歡迎的通識課程是「幸福快樂學」。課程導師，塔爾・班夏哈（Tal Ben-Shahar）分享：「若能在生活中保持簡單、找到意義、懂得感恩、幫助他人，就離幸福快樂不遠。」

人從出生開始，我們就往死亡的路上走去，老化是成長的過程，如何活在當下、如何優雅老去呢？驟然驚覺，人有四種年齡：實際年齡、心智年齡、病歷年齡、讓他人感覺到的年齡。

愛爾蘭教育學家，愛德華・凱利（Edward Kelly）說：「能不能心境成熟、再次成長，並且能助人、傳承、貢獻自己；回歸內心深處，更平靜、智慧、善良、勇於去愛。這樣的人，才叫開創第三人生。」

她推動「第三人生」Third Act：

● 第一人生的成長期，依賴父母、外界提供所需。

● 第二人生是成家立業期，開始獨立。

● 第三人生，有能力回饋社會和周遭環境。

台灣即將在 2026 年邁入「超高齡社會」，亦即 65 歲人口佔比將達 20%，隨之而來面臨的是；老身、老本、老伴、老居、老友的問題。

● 老身：除了社會完善的健保、幫傭看護與長照制度外，自己也要懂得不濫用醫療資源，平時正常起居、健康飲食、適量運動等，身心靈健全，才能照顧日漸功能退化的身體。

● 老本：除了退休給付的各項制度外，也要懂得量入為出，開源節流，適當而不貪婪的理財規劃。

● 老伴：人生的路上，我們可能互為彼此的磨難或十字架，「愛與包容」相互體諒，彼此激勵，才能攜手共度黃昏歲月。當面臨喪偶時，透過信仰力量與弟兄姊妹的扶持，減少孤獨，增進幸福感。

● 老居：家是避風港，是兒女探訪父母、溫馨問候、分享過往美好時光的談心聚所。此外，家也是適宜出入、上下的居所，室內的輔具設備需因應行動不便長者。

● 老友：這幾年驟然發現一些摯友陷入憂鬱，再也無法回到往日歡樂的情懷。好友能不定期聚會，相互砥礪與安慰，

乃人生一大樂事。即便發牢騷、吐苦水時，也要適時正向激勵、分憂解勞。此外，參加公益與娛樂社團，在學習中成長、以及與隔壁街坊鄰居建立好的關係，發揮「遠親不如近鄰」的守望相助精神。

聯合報願景工程「2020退休力大調查」，在退休準備指標中，加入「社會連結」、「活躍好學」與「獨立自主」等心靈退休力。因為調查顯示心靈能力的分數從六十歲開始下降，七十五歲之後快速衰退。唯有精神不會變老。及早存老本，以免愈老愈力不從心。「社會連結」讓你感到被需要、「活躍好學」可多閱讀或參加學習團體、「獨立自主」是培養獨處時，不感到寂寞孤單。

馬斯洛（Abraham Maslow, 1954）「需求層級理論」中，老年長者也許是去追求滿足「自我實現需求」（最高層次需求）最佳時機。我們可積極鼓勵、支持、陪伴身邊的長輩，成為「老當益壯」、「老而彌堅」的長者，也為自己的第三人生儲備能力，回饋社會。

共讀文化眾樂樂，重塑學習心智慧

迎向共好人生，須面對七座山頭：政治、經濟、家庭、教育、環保、媒體與職場。巍然聳立的山頭象徵危機與轉機；可以愈趨

黑暗，也可以走向光明。此時需要閱讀所產生的智慧，才能化危機為轉機。

在網路盛行、人手一機的「滑世代」，人們獲取知識的方式漸趨淺碟化。一旦淺碟型知識充斥，即可能導致思考、寫作與溝通表達能力低落。學者說：「閱讀使人豐富，討論使人成熟，寫作使人精確」，唯有深度的閱讀、觀點的表達、思考的寫作，才是強化個人職場競爭力的要素。

另外，普立茲獎得主 James Michener 也說：「一個國家的未來，取決於這個國家的孩子年幼時所讀的書，這些書會內化成他對國家民族的認同、生命的意義、人生的目的和未來的希望。」

閱讀若能透過團體討論，更能發揮縱效。近年全台興起的讀書會已超過二千個，這是可喜的現象，許多人逐漸體會共讀的意義與價值。

彼得・聖吉（Peter Senge）曾經調查了四千家企業，發現一個有趣現象：很多團隊裡的成員智商超過 120 分，但團隊智商卻不到 70 分，這說明了缺乏團隊學習，經常是三個諸葛亮變成一個臭皮匠，這不啻說明團隊學習重要性。他提出，學習型組織（learning organization）充滿學習氣氛，可以鼓勵和發揮成員創意的團隊學習環境。

讀書會可藉由「批判性思考」，表達觀點，學習標竿實務，激發創造力。共讀效益還包括：觀點交換、信念（belief）產生、

影響行為，績效提升，創造共好人生。

　　本次讀書會中，大家分享觀點，看見盲點，這是步出校園後的快樂學習。每當共讀聚會，品嚐書的溫度與深度時，心靈將再次悸動。

共讀的效益

績效創造　　　　　　　　　觀點交換

行為影響　　　　　　　　　信念產生

金蘋果思維

以終為始，活出不後悔的人生
史蒂芬‧柯維（Stephen Covey）「以終為始」，想像自己人生的終點，你希望親朋好友如何評價對自己，那麼就從現在開始為起點，活出不後悔的人生。「以終為始」讓我們樹立價值觀為，釐清自己的生活重心，寫下自己的「人生使命宣言」。

7.2

▬

專案，原來無處不在！
挪威行旅的「專案管理」

出走，是為了走出？

如果旅行的短暫出走，可以走出一個開闊的心靈，因著過程中的人、事、物的循序浮現，讓你由衷發出 WOW！的讚美，進而身心靈充盈且療癒……

那麼你是否想窺探一下，到底幕後的「專案經理」，如何把行旅變成一個成功的「專案管理」呢？

2019 年立秋節氣過後，理應邁入秋涼，卻依然燠熱難耐。於是想為自己規劃一次國外避暑旅遊，搜尋資料後，選定了某旅行社的「挪威峽灣祕境深度 10 天」之旅，行程寫著：維格蘭雕塑公園、高山景觀火車、雙峽灣遊船、三大景觀道路、兩大百年峽灣飯店、私房美景等，令人怦然心動，於是心動不如行動。

曾聽人說：出走，是為了走出？如果旅行的短暫出走，可以

走出一個開闊的心靈，是因著過程中的人、事、物的循序浮現，讓你驚艷讚嘆，進而身心靈充盈且療癒，不正是驗證「休息，為了走更長遠的路」嗎？

這次挪威行旅的成員，是由二十年經驗的資深領隊阿雅，帶領全團 33 人組成。在桃園國際機場初次集合時，我觀察阿雅熟練地先將 33 人迅速分成六組，要求每組找一位小組長，協助掌握人數，利於往後集合時的迅速回報。隨行的送機人員小邱，幫忙確認團員護照機位、並張羅發送團員隨身導覽耳機、wifi 聯網機、電源插座等事宜，顯見事先規劃完備，且訓練有素。

掌控顧客導向的「銷售流程」，才能贏得顧客滿意

領隊帶領團體旅客，享受十天旅行，過程如同銷售與服務，要懂得掌控顧客導向的銷售流程，才能贏得顧客滿意。這不禁讓我在悠閒享受旅遊過程中，心生一念，側身旁觀，是否可用「專案管理」思維來遐想這趟旅程呢？因為緣於朋友的一席話：「難道專案管理真的只能運用於工作嗎？其實仔細觀察生活日常中的大小事件都如同一項專案，像是健康管理、旅遊規劃、結婚計畫、生兒育兒、退休養老……等。」

這句話促動我思考：「專案管理對我來說是什麼呢？僅是一種工作技能、一個知識領域、一張證照，還是可以在生活中實踐呢？哇！原來我們的生活，就是由大大小小專案組成的呀！」

「專案管理」的程序區分為：起始、計畫、執行、監督與控制、結案等五個階段：

- 起始階段：定義問題，並辨識專案利害關係人（stakeholder）。
- 規畫階段：思考完成專案所需做的事（任務目標）。
- 執行階段：整合各方訊息，輔助專案推行。
- 監控階段：隨時隨地檢視專案過程是否符合計畫。
- 結束階段：將經驗文字化，供後續的專案參考。

專案管理可劃分為 5 個流程

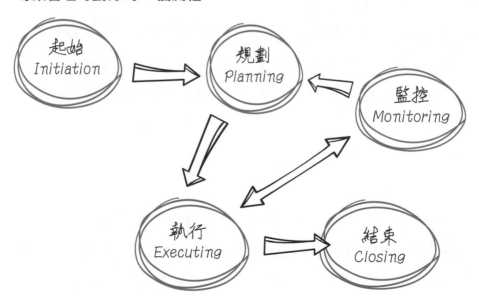

找尋挪威行旅中「專案管理」的思維亮點

　　專案管理也是一種行銷推廣的過程：行銷專案的願景（what）；行銷專案背後的理念（why）；行銷專案經理人的角色（who）；行銷專案的團隊合作精神（who we are）。其中「利害關係人管理」在於辨識專案要滿足誰的需求？除了對內是公司主管，對外是客戶，還會受到專案執行過程中遇到的人事物影響，這些受到專案影響的個人組織或團體統稱為利害關係人，因此專案經理對於利害關係人而言，就必須懂得管理期望、促進參與，提高滿意度。

　　如果資深領隊阿雅，扮演的是專案經理角色，我揣想本次挪威行旅，套用專案管理的流程如下：

（1）**起始：**＜挪威峽灣祕境深度 10 天＞全團三十三人報名，於暑假 8 月成行，為旅行社首發團，將竭盡心力，服務周全。確認專案中的利益關係人，例如：三十三位報名旅客、台北總公司的行銷企劃、行政後勤支援、在地的 local 旅行社、在地導遊、司機、當地的住宿飯店、餐廳、推薦的購物景點等。

（2）**規劃：**設定專案目標，例如：讓團員藉由知性與感性之旅，身心療癒，出與入平安，並獲得水準以上的客戶滿意度。思考完成專案所需做的事（任務目標）：確認報名旅客行前說明會、建

立旅客的 Line 群組（出發前一週溫馨事宜提醒）、聯絡好旅程中的協同單位與利益關係人、查閱挪威的當地氣候資訊、在地的 local 旅行社安排住宿飯店、餐廳、購物景點等。

（3）**執行**：8 月 10 日出發，途中經泰國曼谷轉機，再飛往挪威奧斯陸機場，展開 10 天旅程。三十三人分成六組，每組找一位小組長，擔任左右手，適時集合回報。至於挪威行程內容與景點如下：

● 搭乘遊船觀賞挪威最大的峽灣－松恩峽灣及蓋倫格峽灣。

● 搭乘縮影觀景高山火車，觀賞挪威的山、河、森林、瀑布、冰洞之美。

● 布利斯達爾冰河（搭四輪傳動車），體會斯堪地那維亞半島上最大的冰河之壯麗。

● 走訪被譽為世界七大最美公路之一的北大西洋景觀大道（Atlanterhavsveien）譽為挪威最陡峭公路之一，蓋挪威中部著名景點「老鷹之路」、「精靈之路」、「TALHEIMSKLEIVA 景觀公路」，深入體會挪威山區之美。

● 旅館內北歐斯堪地那維亞式律豐盛早餐，峽灣區安排於百年旅館內的享用豐盛的自助式晚餐最具多樣性。

（4）**監督控制**：遇到風險狀況能隨機應變，彈性調度關於時間、成本等考量。

本次旅程中的關鍵事件（critical issues）值得一提。

● 成員丁小姐行李箱於泰國轉機，延誤直至第八天才抵達住宿飯店。

● 成員張先生第二天下遊覽車，不慎跌倒疼痛不堪。

● 私房景點登山健行，攀登 Rampestreken 觀景台，海拔 580 米，行程驚險萬分，行前並未先探知山況難易度，以致行程較原訂的兩小時多出約 1.5 小時，總計約 3.5 小時。

● 成員王小姐回程的前一天，名貴太陽眼鏡，遺失在的住宿飯店。

（5）結案：成員填寫旅遊問卷調查表對於領隊的評量有三項指標：（1～6分，6分最好）

● 提供專業的旅遊資訊　　● 服務態度誠懇親切

● 特殊狀況處理恰當

專案管理的十大知識領域

整合管理	範疇管理	人力管理
時間管理	成本管理	品質管理
溝通管理	風險管理	採購管理

└─ 利害關係人管理

事事洞明皆學問，人生無處不「專案」

　　專案經理人身負掌握「時間、資源、預算」等關鍵因素，以利高品質的成果展現。但專案經理人可能發現自己沒有正式職權，卻要和一群從未共事的人合作，面臨高度的不確定性，試圖整合協調有限的資源，領導專案成員成功達成目標。因此活用專案管理中的十大知識領域，如：整合管理、範疇管理、時間管理、成本管理、品質管理、人力資源管理、溝通管理、風險管理、利害關係人管理等，就顯得重要。

　　上述四件關鍵事件就是風險，對於專案成效具影響力。我旁觀領隊阿雅對於「風險管理」，如何隨機應變，說明如下：

● 關於成員丁小姐行李箱延誤 8 天：領隊每日電話跟催 XX 航空、上網察詢行李進度，無奈 XX 航空給予的資訊時而更改、或錯誤或不明，並積極聯繫挪威在地的旅行社協尋，終於皇天不負苦心人，在行程快結束的第八天，失而復得。且行前因旅行社業務有告知丁小姐可投保旅行平安險／不便險，所以還獲得金額理賠。

● 成員張先生第二天下遊覽車，不慎跌倒疼痛不堪：領隊囑咐上下車手握扶竿，慢慢行動。同行團員提供止痛貼布，另有兩位成員是醫師背景，殷殷垂詢給予建議，幸無大礙。

● 私房景點登山健行，行程驚險萬分：領隊坦言公司第一次安排此

私房景點，自己也不知路況險峻，誤判來回時程，我們也變成首發隨行踩線團，如天雨路滑不慎跌倒領隊責任太過重大，將向公司回報此行程狀況。

● 成員王小姐遺失名貴太陽眼鏡：領隊請當地配合的旅行社協助尋找，並詳盡告知可能的結果與應對方式

　　10天挪威行順利平安，深覺青山綠水，就是最好的金山銀山。相逢自是有緣，歡樂就在挪威行旅！

活用「專案管理」的知識領域，解決問題

　　全球每年有上萬件的專案，其中只有 34 ％ 能成功。日本管理大師大前研一說：「能夠勝任專案經理職務的人有極高的價值，在未來將是非常珍貴的人才。」概述專案管理中的知識領域，以利後續人生規劃的意涵參考：

● 整合管理 Integration Management：以全盤視野，掌控全程專案，貫穿五大流程。且須在各種衝突的目標與方案之間進行取捨，例如遇到緊急狀況時，必須在成本、時間（交期）與風險之間加以調整。

● 範疇管理（Scope Management）：將工作畫分為適合執行與管

理的單位，如此懂得取捨，分清楚輕重緩急的優先序，以免工作範疇陷入無止盡的延伸，導致無法如期結案。

● 時間管理（Time Management）：對完成專案所需時間，予以規畫、排程，在成本、時間與風險之間加以調整。

● 成本管理（Cost Management）：包含專案涉及的費用規畫、估算、控制的過程，以確保能在核准的預算內完成專案。

● 品質管理（Quality Management）：專案是否成功，除了在預定的時間和預算內，品質如果不符預期，即使最後能交出成果，也不算成功。

● 人力資源管理（Human Resource Management）：分配專案成員的任務與職責，隨著專案的進行，培育人員的技能，並對於成員的能力與績效也必須進行追蹤與協調，以確保專案能順利進行。

● 溝通管理（Communication Management）：善用書面或口頭的溝通，讓專案成員與關係人對於溝通訊息的方式、格式頻率等有共同的理解和應用，才能確保訊息能成功、有效地傳遞給需要的人。

● 風險管理（Risk Management）：判斷哪些事情會影響到專案正常運作，再對風險的機率和影響進行評估和排序，並提出因應方法，以便降低威脅，提高專案成功機會。其目的在於考慮周延，有備無患。

● 利害關係人管理：管理期望、增進參與，提高滿意度。

保有生命的純真與無邪

旅途參訪奧斯陸的人生雕塑公園（**Vigelandsparken**），令我感到震撼不已。公園共有四大主題組成，是挪威雕像家維格蘭的作品。從入口開始分別是「生命之橋」、「生命之泉」、「生命之柱」以及「生命之環」。

公園內的**212**座裸體雕像刻劃人的一生從嬰兒、幼年、少年至老年：生之喜悅、死之哀榮，親情、友情與愛情。栩栩如生，勻稱和諧，渾然一體。令人深思人類生命的純真與無邪。

金蘋果思維

7.3

▬▬

平庸還是卓越？
辨識我的優勢，讓天賦自由飛翔

人如果能夠結合「喜歡做的事」和「擅長做的事」，就是「天
命」——讓天賦自由。

〜肯・羅賓森（Ken Robinson）

很久很久以前，在一個奇幻的森林裡有許多動物。牠們害怕
面對「新環境」，因此，牠們想要加強生存的能力。於是決定建
立了一所「動物學校」，設計了一套活動課程，其中包含：游、爬、
跑、飛四個科目，規定所有的動物都必修這四個科目。開學後陸
續有鴨子、兔子、松鼠、老鷹、鰻魚等的動物進入學校報到學習。

鴨子游得非常好，事實上牠比老師還行；至於跑，牠學得非
常差；一到學飛的時候，牠只能算是及格。由於牠跑得太慢了，
所以每天放學後都要留下來練習，甚至還得退出游泳課來練習跑

步。最後連游泳課也只拿到「普通」的等第。

　　至於兔子一開始學跑步是班上第一的，不過牠在上游泳課中需要很多補課學習，因而跑方面的良好表現也無法維持下去。

　　松鼠在爬的科目中表現最為優異，不過在飛的科目中，老師規定牠必須由地上飛起，而不能由樹梢飛下來，於是牠開始產生挫折感。結果，松鼠因為過度練習而受傷了，在爬的科目中只得到 C，而在跑的科目中卻得到 D。

　　老鷹是個問題學生，經常被老師嚴厲處罰。牠在爬的科目中總是比別人更快到達樹梢，但牠並未照著老師的規定去做，而是依照自己的方法。

　　到了學年結束時，一隻不太正常的鰻魚得到最高的榮譽，擔任畢業生代表。牠游得非常好，而且跑、爬、飛都會一點兒，平均等第最高。

　　土撥鼠並沒有入學，牠們抗議行政當局沒有將「挖掘」納入課程中。牠們只好把孩子送到獾那兒當學徒，後來獾和土撥鼠、地鼠聯合起來，辦了一所成功的私立學校。

　　上面這一則「動物學校」啟示，是由雷維斯（GeorgeReavis）用寓言來嘲諷：為了面對新世界的生存問題發展的技能，但事實上並未持續深化專精的本能。

　　這種能力應該是要讓原本的「天賦」發展出來：鴨子的游泳、兔子的跑步、松鼠的攀爬、老鷹的飛翔。讓鴨子游的更好、兔子

跑的更快、松鼠爬的更高、老鷹飛的更遠。然而教育方式卻壓制
牠們的特長：讓鴨子狠命學跑步，兔子狠命學游泳，硬要松鼠從
地上起飛，老鷹一步步往樹上爬。這些動物為了全面學習，壓制
了本性，讓原本的「天賦」被抹煞，結果變得非常平庸。

卓越還是平庸？你的「優勢辨識」是什麼？

肯·羅賓森爵士（Sir Ken Robinson）於 2006 年曾發表「學
校扼殺創意」著名演講，他主張教育應徹底轉型，從學校的標準
化教育轉變為個人化學習，並營造良好的學習環境，讓孩子發揮
自己的長才。

多年前，我做了一個「能力發現剖析測驗」（Strengths Finder
Profile），從測驗中隱含的三十四種主導特質，找出自己五種最主
要的天賦，也就是你的「專屬特質」（signature themes），這些
專屬特質便是個人最強的能力來源。

天賦（talent）也是自己的長處。是在一個活動中持續近乎
完美的表現，反覆出現的思想、感覺行為模式。這是學者 Marcus
Buckingham、Donald O.Clifton 發展出的測評。作者發現長處的
三個線索：渴望、快速學習和滿意度。每個人的長處都是持久而
獨特的，最大成長空間在於他最擅長的領域。

我做出的「優勢辨識」測驗依序分別是：蒐集、思維、好學、

理念、完美。做完測驗後，我開始檢視自己的「天賦」是否符合
這些特質，比如說：

● 蒐集（Input）：我喜歡蒐集照片、剪報、佳言美句、珍藏多年
　年前朋友寄給我的卡片等。

● 思維（Intellection）：我喜歡快思、慢想、多寫。珍惜獨處、散步、
　洗澡、對談、創意會議時的靈光乍現。

● 好學（Learner）：我喜歡持續閱讀、教學相長、榜樣學習、會議、
　研討會、大自然學習。

● 理念（Ideation）：我喜歡信仰真理，建構自己的人生觀與價值
　觀（我至今出版了十本書）。

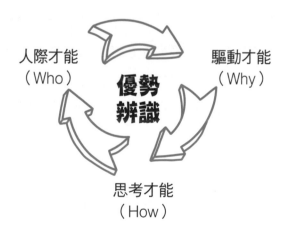

出自：馬克斯・巴金漢／唐諾・克里夫頓
Now, Discover Your Strengths

- 完美（Maximizer）：（這一點我有些疑惑），我實在深怕對自己、對他人要求過多，造成不可承受之重的壓力。雖確有不服輸的精神，若自己能適當健康的追求完美，標竿學習，典範移轉則是好的。

發現我的天才，讓天賦自由飛翔

　　《發現我的天才》一書作者將三十四種主導特質（優勢辨識），分為三大類別：驅動才能（Why）、思考才能（How）、人際才能（Who）。我特別歸納摘要如下：

驅動才能（Why）

- 成就：每天從零開始，精力充沛，設定工作進度，成就更多。
- 行動：「我們何時可以開始？」行動是最佳的學習法。
- 信仰：有歷久不衰的核心價值；顧家、助人、追求靈性；超越生活的誘惑煩惱。
- 競爭：本能注意別人表現，他人表現是你最終目標。比較，使你產生競爭意識。
- 學習：過程比內容或結果更令你興奮；入門快感、初學實踐、專家信心。
- 完美：不是平均，而是優秀；盡善盡美、爐火純青、光芒四射。

● 積極：笑容可掬，不吝於讚美他人；具有感染力的熱情，活出美好。

● 責任：對承諾負責到底。擇善固執，無懈可擊的高道德感。

● 自信：冒險、接受挑戰、提出主張、實踐承諾，承受四面壓力。

● 追求：希望被肯定、舉足輕重、自主權；渴望結交專業成功人士。

思考才能（How）

● 適應：活在當下，未來是現有的選擇所創造；靈活有彈性。

● 分析：「拿出證明，為何你的結論是對的」；客觀冷靜、喜歡數據。

● 統籌：遇到眾多因素複雜環境，喜歡確認最佳組合；新方案、捷徑與合作關係。

● 回顧：以古鑑今，重返初衷。瞭解現在並預測未來；喜讀歷史與人物傳記。

● 審慎：保持高度警戒、注重隱私；事先計畫、謹慎擇友、不過度讚揚他人。

● 紀律：面對混亂，建立常規並注重細節，井然有序規劃，制訂時間表與期限。

● 專注：需要明確目標，時常評估行動成果與效率；善用 20 ／ 80 法則。

● 前瞻：「如果─有多好」的願景，提高眼界，燃起熱情。

● 理念：挑戰習以為常觀念的全新見解；標新立異，欣喜若狂。

- 蒐集：詞彙事實書籍名言或實體物品；蒐集、購買、整理、收納。
- 思維：喜歡思考、腦力激盪。喜歡獨處、沈思、冥想、內省檢討。
- 排難：熱中解決問題，化阻力為動力；判斷故障、排除問題、起死回生。
- 戰略：危機意識，混亂中能找到最佳解決方案，預防不測，正確評估障礙。

人際才能（Who）

- 統率：大將之風、肩負重任；不怕衝突、掃除誤會；明辨是非、開誠佈公。
- 溝通：樂於解釋、描述、主持、公開演說、喜歡寫作。引發他人興趣、激發行動。
- 關聯：深信事出有因，每人都互有關聯（集體潛意識的生命能量）。
- 伯樂：能發現別人潛能，別人成長是你能量來源。
- 體諒：善體人意，感同身受；不是憐憫處境，而是幫助對方表達感覺。
- 公平：一視同仁，不願導致自私自利與個人主義；希望規則明確。
- 和諧：尋找領域共識，降低衝突；願意修正自己目標，配合同舟共濟。
- 包容：擴大圈子的人生準則，尊重彼此差異。

● 個別：觀察他人風格、動機、思維和交際；吸收獨一無二經歷，
　有助團隊建立。

● 交往：與熟人的關係更緊密，攀登人際關係金字塔。

● 取悅：喜歡結識陌生人，贏得他們好感，變成新朋友。

　　蓋洛普資料庫 Marcus & Donald 調查顯示：全球只有 20% 員工覺得自己每天都有機會在工作中發揮所長。因此許多人力資源主管，協助部屬透過優勢辨識（strengths finder）將其強項充分發揮，適才適所，將對的人放在對的位置上。例如：銷售業務人員的特質：臉笑、嘴甜、腰軟、手腳快，同理關懷且對於接觸人有高度興趣；研發人員的特質：追根究柢、喜歡問問題與觀察、動手做實驗驗、思考問題背後的問題等。

　　羅賓森相信每個人都有天生的資質，只要他認識這些資質，必能產生熱情；使乏味的人成為快樂鬥士。

人人頭上一方天

天賦（talent）表現的三個特徵：渴望、快速學習和
滿意度。每個人的長處都是持久而獨特的，最大成長
空間在於他最擅長的領域。

撥開籠罩煙霧

才能看見美麗星光！

後記

＿

撥開籠罩煙霧，
才能看見美麗星光！

　　本書的寫作過程從 2020 年的大寒，歷經 2021 年的春分。完稿期間，正好看了日本動畫影片「煙囪小鎮的普佩」，劇中傳遞「夢想、行動、改變」的啟發，讓我數度感動飆淚。撥開籠罩煙霧，才能看見美麗星光。原著繪本作者西野亮廣，提到「被黑煙籠罩看不見上空的煙囪小鎮，跟被新冠病毒影響的這個世界重疊。讓觀眾感到這部作品與 2020 年的經歷產生共鳴，我認為劇中普佩與魯必奇的話語，絕不能帶有一絲謊言。」

　　寫作可見證時代的軌跡與心路的點滴。世紀瘟疫的 2020 年，讓自己有更多的沉潛與靜思。我很嚮往有人說，心安靜下來就可聽到玫瑰花瓣掉落的聲音。從 2008 年開始的「台灣年度代表字大選」：「亂」，依序為「盼」、「淡」、「讚」、「憂」、「假」、「黑」、「換」、「苦」、「茫」、「翻」、「亂」、「疫」，

每個字都刻畫了當年的民心與社會氛圍。

　　寫作也是一種記憶的拼圖，試圖參透人生，找到方向。甜美與苦澀，冷暖自知。我愛極了聆聽內心的聲音，給自己重新奮勇昂揚的力量。也曾心灰意冷，擲筆長嘆，但想起南宋詞人辛棄疾＜破陣子＞：「醉裡挑燈看劍，夢回吹角連營」詩人想必也有幾許孤寂，但只要有雄心壯志，依然可笑傲江湖。哲人日已遠，典型在夙昔。

　　回想一路走來，企業培訓講師十六年，授課之餘不斷沉思與心靈對話，寫下事情與心情，至今才能完成十本著作。猶記得2005年憑著一股對於培訓事業的傻勁，博覽近百本「團隊建立」相關書籍與論文，終於完成第一本著作《團隊建立計分卡》。無心插柳，竟受邀於「中國首屆人力資源博覽會」蘇州展覽館發表演講。其後陸續完成多本有關於「故事領導力」、「故事行銷」、「創新思維」、「當責共好」等著作。

　　每次書籍出版的後記，是最溫馨的時刻。一方面是暢所欲言，另一方面感謝貴人。包括2020年我曾經授課的客戶：企業、組織、政府、學校單位與專案經理雜誌（第七章的文稿集結），此外是在「人際溝通與表達說服」議題上：香港大學、康健人壽、台灣半導體、淨妍醫美、桃園工會、資策會、富士達保險經紀人、凱基銀行、財政部、法務部、經濟部、交通部高工局、永鑫能源、內政部、行政院公務人力中心、職工福利、順豐速運、久舜營造、

逗 SPA、新竹市文化局、台北教育大學、京元電子、美商海盜船、苗栗農改所、台鹽生技、扶輪社、專案經理雜誌、昇貿國際、審計部等。

　　其次，感謝業界好友：駱松森博士、張惠慧會長、林碧燕總經理、吳進生社長、蔡茗儀協理、吳桂龍總經理、吳旭慧總經理、陳世暉副總、李明達處長、林文琪經理、陳謙老師、吳思漢副總、楊明田弟兄、林憶純主編、張亞昭總經理、江玉瑛經理、潘柔安小姐、謝文欽經理、蕭先盛經理、郭雅俐資深協理、黃淑惠女士、汪淑珍老師、張漢良主任、潘同昇副總、湯孟翰董事長、張嘉慧主任、林妙貞處長、鄭淑真小姐、傅馨巧經理、陳茂春主秘、吳如珊董事、徐少騫、杜宜靜主編、楊淳涵主編、李志源教授、傅銘傳教授、王逸謹女士、高永吉先生、林思宜副課長、張晨欣小姐、張晨恩、李建璋先生、鄭美惠、鄭淑華、王姿茜、周彥杰等。

　　感謝主，謹以此書獻給我的父母、岳父母、兄弟及妻子 Ruby，感謝支持與包容與鼓勵。青春會老，熱情猶在。只要有心，我們終將譜寫波瀾壯闊、盪氣迴腸的美好史詩！

附錄：**將苑領導 企業培訓經典課程—張宏裕講師**

一、故事行銷／溝通表達：

· 會說故事的巧實力—領導、溝通、激勵的說服

· 精準說服的簡報力—說話有重點、思考有邏輯、上台有自信

· 神文案的銷售力—案創意、故事行銷、自由書寫

· 企業內部講師上台技術（TTT）—人才培育的知識管理

二、領導變革／當責共好：

· 中階主管的帶人領導學—從團隊管理、組織溝通到績效創造

· 因材施教的教練型領導力—好主管也是好教練

· 活用孫子兵法的領導統御—績效卓越，部屬滿意

· 共好，從當責開始—樂在工作，做到專業

三、團隊創新／服務行銷：

· 六頂思考帽的創新思維—活用創新思維，分析解決問題

· 職場等待的 3Q 人才— EQ 情緒管理、AQ 團隊合作、IQ 問題解決

· 感心服務與精準客訴處理 SOP —顧客滿意的服務行銷

· 顧客導向的銷售談判／ SOP 流程創新的力量

· 與共好有約—高效卓越的七個習慣

· 正念減壓與情緒管理—管理自我 EQ、領導團隊、建立組織的軟實力

觀成長 37

金蘋果在銀網子裡：
信任崩解年代的精準說服

作者	張宏裕
視覺設計	李思瑤
主編	林憶純
行銷企劃	葉蘭芳

第五編輯部總監	梁芳春
董事長	趙政岷
出版者	時報文化出版企業股份有限公司
	108019 台北市和平西路三段 240 號
	發行專線—（02）2306-6842
	讀者服務專線— 0800-231-705、（02）2304-7103
	讀者服務傳真—（02）2304-6858
	19344724 時報文化出版公司
	10899 台北華江橋郵局第 99 信箱
時報悅讀網	www.readingtimes.com.tw
電子郵箱	yoho@readingtimes.com.tw
法律顧問	理律法律事務所 陳長文律師、李念祖律師
印刷	勁達印刷有限公司
初版一刷	2021 年 6 月 11 日
定價	新台幣 380 元

時報文化出版公司成立於 1975 年，並於 1999 年股票上櫃
公開發行，於 2008 年脫離中時集團非屬旺中，以「尊重智
慧與創意的文化事業」為信念。

金蘋果在銀網子裡：信任崩解年代的精準說服 / 張宏裕 作 . -- 初版 . – 臺北市：時報文化，
2021.6

　　256 面；17*23 公分

　　ISBN 978-957-13-8774-1（平裝）

　　1. 職場成功法

　　494.35　　　　　　　　　110003682

ISBN 978-957-13-8774-1　　　　　Printed in Taiwan